I0068810

Catalogue Alphabétique

des

Plantes, Arbres,

ET ARBUSTES

CROISSANT NATURELLEMENT, OU CULTIVÉS EN PLEIN AIR, ORANGERIES OU SERRES CHAUDES,

DANS LES JARDINS

De Neuilly, du Rainoy et de Mousseaux,

APPARTENANT A S. A. R. Mgr LE DUC D'ORLÉANS;

Par JACQUES, Jardinier en chef de S. A. R.

De l'Imprimerie de Gaultier-Laguionie,

HÔTEL DES FERMES.

1824.

CATALOGUE ALPHABÉTIQUE

DES

PLANTES, ARBRES ET ARBUSTES,

CROISSANT NATURELLEMENT OU CULTIVÉS EN PLEIN AIR,
ORANGERIES OU SERRES CHAUDES,

DANS LES JARDINS DE NEUILLY, DU RAINCY ET DE MOUSSEAUX.

A.

1. ABIES.
   1. Picea.
   2. Taxifolia.
   3. Balsamea.
   4. Alba.
   5. Rubra.
   6. Nigra,
   7. Canadensis.
   8. Lanceolata.
   9. Columbaria.
2. ABROMA.
   1. Augusta.
3. ACASIA.
   1. Verticillata,
   2. Juniperina.
   3. Longifolia.
   4. Dodoneifolia.
   5. Suaveolens.
   6. Floribonda.
   7. Latifolia.
   8. Virgata.
   9. Lophanta.
   10. Leucocephala.
   11. Lebbeck.
   12. Jalibrizin.
   13. Eburnera.
   14. Farnesiana.
   15. Asperata.
   16. Aculeaticarpa.
4. ACANTHUS.
   1. Mollis.
5. ACARNA.
   1. Gummifera
6. ACER.
   1. Campestre.
   2. Campestre variegata.
   3. Pseudo Platanus.
   4. — Platanus variegata.
   5. Platanoïdes.
   6. Platanoïdes variegata.

A.

7. Platanoïdes laciniata.
8. Platanoïdes palmata.
9. Rubrum.
10. Dasicarpum.
11. Saccharinum.
12. Nigrum.
13. Striatum.
14. Montanum.
15. Opalus.
16. Opulifolium.
17. Hybridum.
18. Monspesulanum.
19. Creticum.
20. Tartaricum.
21. Negundo.
22. Negundo Laciniatum.

7. ACHANIA.

1. Malvaviscus.
2. Mollis.

8. ACHILLEA.

1. Ptarmica.
2. Ptarmica plena.
3. Millefolium.
4. Millefolium roseum.
5. Asplenifolia.
6. Sambucifolia.
7. Filipendulina.
8. Egyptiaca.
9. Ageratum.
10.

9. ACONITUM.

1. Napellus.
2. Paniculatum.
3. Pyrenaïcum.

10. ACORUS.

1. Calamus.
2. Gramineus

A.

11. ACROSTICHUM.

1. Aureum.
2. Alcicorne.

12. ACTEA.

1. Spicata.
2. Racemosa.

13. ACYNOS.

1. Vulgaris.

14. ADANSONIA.

1. Digitata.

15. ADELIA.

1. Acidoton.

16. ADIANTHUM.

1 Pedatum.

17. ADONIS.

1 Vernalis.
2. Æstivalis.

18. ADOXA.

1. Moschatellina.

19. ÆSCULUS.

1. Hyppocastanum.
2. Rubescens.

20. AGAPANTHUS.

1. Umbellatus.
2. Umbellatus minor.
3. Umbellatus variegata

21. AGAVE.

1. Americana.
2. Americana variegat.
3. Fœtida.
4. Manguay.
5. Tuberosa.

A.

6. Yuccæfolia.
7.

22. Agrimonia.
1. Eupatoria.
2. Odorata.

23. Agrostema.
1. Coronaria.
2. Coronaria flore pleno.
3. Flos Jovis.
4. Cœli rosa.
4. Githago.

24. Agrostis.
1. Spicaventi.
2. Interupta.
3. Vulgaris.

25. Aylanthus.
1. Glandulosa.

26. Aira.
1. Cæspitosa.
2. Flexuosa.
3. Precox.
4. Cariophyllea.

27. Ajuga.
1. Reptans.
2. Pyramidalis.

28. Albuca.
1. Major.
2. Alba.

29. Alchemilla.
1. Vulgaris.
2. Hybrida.
3. Alpina.

30. Aletris.
1. Fragrans.

A.

2. Pumila.

31. Aleurites.
1. Moluccana.

32. Alisma.
1. Plantago.
2. Ranunculoïdes.
3. Cordifolia.

33. Allamanda.
1. Cathartica.
2. Verticillata.

34. Allium.
1. Ampeloprasum.
2. Porrum.
3. Album.
4. Scorsone ræfolium.
5. Fragrans.
6. Sativum.
7. Flavum.
8. Vineale.
9. Oleraceum.
10. Nutans.
11. Ascalonicum.
12. Cepa.
13. Molly.
14. Chamæmoly.
15. Schœnephrasum.
16. Fistulosum.
17. Magicum.
18. Siculum.
19.

35. Alnus.
1. Communis.
2. Communis laciniata.
3. Incana.
4. Glanca.
5. Serrualta.

A.

5. Oblongata.
7. Cordata.

36. Aloe.

1. Fruticosa.
2. Umbellata.
3. Succotrina.
4. Humilis
5. Maculata.
6. Lingueformis.
7. Variegata.
8. Spiralis.
9. Margaritifera.
10. Simbæfolia.
11. Retusa.
12. Purpurea.
13. Plicatilis.
14. Mitræformis.

37 Alopecurus.

1. Bulbosus.
2. Agrestis.
3. Pratensis.

38. Aloysia.

1. Citriodora.

39. Alstræmeria.

1. Peregrina.
2. Ligtu.

40. Althæa.

1. Officinalis.
2. Cannabina.
3. Hirsuta.
4. Rosea.

41. Alyssum.

1. Saxatile.
2. Clypeatum.
4. Calicinum.
5. Utriculatum.

A.

6. Sinuatum.
7. Deltoïdeum.

42. Amaranthus.

1. Caudatus
2. Paniculatus.
3. Blitum.
4. Prostratus.
5.

43. Amaryllis.

1. Lutea.
2. Atamasco.
3. Formosissima.
4. Equestris.
5. Belladona.
6. Vittata.
7. Longifolia.
8. Curvifolia.
9. Undulata.
10. Sarniensis.
11. Josephync.
12. Undulata.
13. Aurea.

44. Amomum.

1. Zingiber.
2. Zerumbet.

45. Amorpha.

1. Fructicosa.
2. Ludwigii.
3. Glabra.

46. Amygdalus.

1. Communis.
2. Communis variegata
3. Communis amara.
4. Persica.
5. Persica plena.
6. Persica nana.
7. Persica hybrida.
8. Persica lævis.
9. Orientalis.

A.

10. Nana.
1. Georgica.

47. ANAGALLIS.

1. Arvensis.
2. Cœrulea.
3. Fruticosa.

48. ANAGIRIS.

Fœtida.

49. ANCHUSA.

1. Italica.

50. ANDROMEDA.

1. Cassinæfolia.
2. Pulverulenta.
3. Polyfolia.
4. Polyfolia augustifolia.
5. Paniculata.
6. Arborea.
7. Racemosa.
8. Acuminata.
9. Caliculata.
10. Caliculata crispa.

51. ANAMENIA.

1. Coriacea.

52. ANEMONE.

1. Coronaria.
2. Sylvestris.
3. Pavonina.
4. Virginiana.
5. Hortensis.
6. Hepatica.
7. Hepatica duplex var.
8. Sylvestris flore pleno.
6. Sylvestris flavo.

53. ANETHUM.

1. Fæniculum.
2. Graveolens.
3. Dulce.
4. Peperatum.

A.

54. ANGELICA.

1. Arcangelica.
2. Sylvestris.

55. ANIGOSANTHOS.

1. Flavescens.

56. ANNONA.

1. Muricata.
2. Glabra.
3. Tripetala.

57. ANTHEMIS.

1. Arvensis.
2 Nobilis.
3 Cotula.
4. Rigescens.
5. Globosa.
6. Tomentosa.
7. Grandiflora fl. simplici.
8. Grand. blanche à tuyeaux.
9. Grand. jaun. à larg. pétale.
10. Grand. odeur de violette.
11. Grand. jaune à g. pétale.
12. Grand. jaune petite.
13. Grand. jaune aurore.
14. Grand. cocciné.
15. Grand. lilas.
16. Grand. pourpre.

58. ANTHERICUM.

1. Frutescens.
2. Ramosum.
3. Pendulum.

59. ANTHOLIZA.

1. Cunonia.
2. Ætiopica.

60. ANTHOSPERMUM.

1. Ætiopicum.

61. ANTHOXANTUM.

1. Odoratum.

A.

62. Anthriscus.

1. Vulgaris.
2. Nodosa.

63. Anthyllis.

1. Vulneraria.
2. Hermaniæ.
3. Citisoïdes.
4. Barba Jovis.

64. Antidesma.

1. Alexitaria.

65. Antirrhinum.

1. Majus.
2. Majus duplex.
3. Orontium.
4. Siculum.
5. Azarina.

66. Apios.

1. Tuberosa.
2. Frutescens.

67. Apium.

1. Graveolens.
2. Graveolens crispum.
3 Petroselinum.
4. Petroselinum crispum.
5. Petroselinum major.

68. Apocynum.

Androsæmifolium.

69. Aquilegia.

1. Vulgaris.
1. Hybrida.
3. Viridiflora.
5. Canadensis.

70. Arâbis.

1. Alpina.
2. Bellidifolia.
3. Thaliana.

A.

71. Arachis.

Hypogea.

72. Aralia.

1. Spinosa.
2. Racemosa.
3. Capitata.

73. Arbutus.

1. Unedo.
2. Unedo rubra.
3. Andrachne.
4. Uvaursi.
5.

74. Arctium.

1. Lappa.

75. Arctotis.

1. Grandiflora.
2. Tristis.

76. Ardisia.

1. Excelsa.
2. Solanacea.
3. Crenulata.

77. Arduina.

1. Bispinosa.

78. Areca.

1. Borbonia.
2. Alba.

79. Arenaria.

1. Trinervia.
2. Serpillifolia.
3. Tenuifolia.
4. Rubra.
5. Balearica.

80. Argemone.

1. Mexicana.

A.

81. ARISTEA.
1. Cyanea.

82. ARISTOLOCHIA.
1. Clematitis.
2. Rotunda.
3. Sempervirens.
4. Sipho.
5. Pubera.
6. Trilobata.

83. ARISTOTELIA.
1. Maqui.

84. ARMENIACA.
1. Vulgaris.
2. Vulgaris variegata.

85. ARTEMISIA.
1. Abrotanum.
2. Arborescens.
3. Absinthium.
4. Campestris.
5. Vulgaris.
6. Cœrulescens.
7. Dracunculus.
8.

86. ARUM.
1. Vulgare.
2. Italicum.
3. Dracunculus.
4. Divaricatum.
5. Tenuifolium.
6. Helleborifolium.
7. Arisarum.

87. ARUNDO.
1. Donax.
2. Donax variegata.

88. AZARUM.
1. Europæum.
2. Virginicum.

A.

89. ASCLEPIAS.
1. Currassavica.
2. Currassavica alba.
3. Gigantea.
4. Fruticosa.
5. Syriaca.
6. Amœna.
7. Vincetoxicum.
8. Nigra.
9. Mexicana.

90. ASPARAGUS.
1. Officinalis.
2. Tenuifolius.
3. Albus.
4. Horridus.
5. Capensis.

91. ASPERULA.
1. Odorata.
2. Tinctoria.

92. ASPHODELUS.
1. Luteus.
2. Albus.
3. Fistulosus.

93. ASPLENIUM.
1. Ruta muraria.
2.

94. ASTER.
1. Sericeus.
2. Cymbalaria.
3. Argophyllus.
4. Filifolius.
5. Tomentosus.
6. Fruticosus.
7. Lithospermifolius.
8. Ericoïdes.
9. Coridifolius.
10. Amygdalinus.
11. Rubricaulis.

A.

12. Amellus.
13. Novæangliæ.
14. Novæangliæ rubra.
15. Amplexicaulis.
16. Grandiflorus.
17. Cordifolius.
18. Salignus.
19. Sibiricus.
20. Divaricatus.
21. Lœvis.
22. Novæbelgii.
23. Tardiflorus.
24. Dracunculoïdes.
25. Decorus.
26. Chinensis.
27.
28.
29.
30.

95. Astragalus.

1. Glycyphyllos.
2. Alopecuroïdes.
3. Cicer.

96. Astrantia.

1. Major.
2. Minor.

97. Athanasia.

1. Annua.
2. Chrytmifolia.

98. Atragene.

1. Alpina.
2. Austriaca.

99. Atraphaxis.

1. Undulata.

100. Atriplex.

1. Halimus.
2. Portulacoïdes.
3. Hortensis.

A.

4. Augustifolia.
5. Littoralis.
6. Nova.

101. Atropa.

1. Mandragora.
2. Belladona.

102. Aucuba.

1. Japonica.

103. Avena.

1. Sativa.
2. Sativa nuda.
3. Orientalis.
4. Elatior.
5. Bulbosa.
6. Flavescens.
7. Fragilis.
8. Fatua.

104. Azalea.

1. Pontica.
2. Viscosa.
3. Nudiflora.
4. Nudiflora coccinea.
5. Nudiflora rosea.
6. Nudiflora alba.
7. Glauca.
8. Indica.

104. (*bis*) Artocarpus.

1. Incisa.

B.

105. Babiana.

1. Tubiflora.
2. Plicata.

106. Baccharis.

1. Ivæfolia.
2. Halimifolia.

107. Bæckia.

1. Virgata.

B.

108. BALLOTA.
1. Nigra.

109. BAMBUSA.
1. Arundinacea.

110. BANISTERIA.
1. Argentea.
2.

111. BANKSIA.
1. Præmorsa.
2. Verticillata.
3.

112. BAZELLA.
1. Alba.
2. Rubra.
3. Ramosa.

113. BAUHINIA.
1. Divaricata.
2. Aculeata.
3. Porrecta.
4. Scandens.
5.

114. BEAUFORTIA.
1. Pinifolia.

115. BEGONIA.
1. Obliqua.
2. Divaricata.
3. Suaveolens.
4. Hirsuta.
5. Argirostigma.
6. Discolor.
7.

116. BELLIS.
1. Perennis.
2. Perennis duplex. Var.
3. Sylvestris.

B.

117. BERBERIS.
1. Vulgaris.
2. Vulgaris alba.
3. Vulgaris apyrena.
4. Americana.
5. Canadensis.
6. Sinensis.

118. BESLERIA.
1. Mellittifolia.
2.

119. BETA.
1. Vulgaris.
2. Cicla.

120. BETONICA.
1. Officinalis.
2. Grandiflora.
3. Orientalis.

121. BETULA.
1. Alba.
2. Alba laciniata.
3. Populifolia.
4. Excelsa.
5. Nigra.
6. Lenta.
7. Nana.
8. Pumila.

122. BIDENS.
1. Tripartita.
2. Cernua.
3. Heterophylla.
4.

123. BIGNONIA.
1. Capreolata.
2. Pantaphylla.
3. Radicans.
4. Radicans minor.
5. Grandiflora.

B.

6. Stans.
7. Pandorea.
8.
9.

124. Billardiera.

1. Scandens.
2. Macrocarpa.

125. Bixa.

1. Orellana.

126. Blitum.

2. Virgatum.
2. Capitatum.

127. Bocconia.

1. Frutescens.
2. Cordata.

128. Boehmeria.

1.

129. Boltonia.

1. Glastifolia.
2.

130. Bombax.

1. Pentandra.
2. Ceyba.

131. Bontia.

1. Daphnoïdes.

132. Borago.

1. Officinalis.
2. Orientalis.

133. Borya.

1. Acuminata.
2.

134. Bosea.

1. Yervamora.

B.

135. Bouvardia.

1. Triphylla.

136. Brassica.

1. Oleracea.
2. Capitata.
3. Gongliodes.
4. Cretica.
5. Villosa.
6. Napus.
7. Cheiranthos.
8.

137. Briza.

1. Media.

138. Bromelia.

1. Ananas.
2. Karatas.

139. Bromus.

1. Sterylis.
2. Tectorum.
3. Secalinus.
4. Giganteus.
5.
6.

140. Broussonetia.

1. Papyrifera.
2. Papyrifera cucullata.

141. Brucea.

1. Feruginea.

142. Burgmansia.

2. Candida.

143. Brunia.

1. Lanuginosa.

144. Brunichia.

1. Cirrhosa.

B.

145. BRUNSFELSIA.

1. Americana.
2. Violacea.

146. BRIONIA.

1. Dioïca.
2. Scabrella.
3. Africana.

147. BRYOPHYLLUM.

1. Calicinum.

148. BUBON.

1. Macedonicum.
2. Galbanum.

149. BUDLEJA.

1. Globosa.
2. Salvifolia.
3. Saligna.
4. Glaberrima.

150. BUMELIA.

1. Tenax.
2. Lycioïdes.

151. BUONAPARTEA.

1. Juncea (Lit. gem. flor.)

152. BUPTALMUM.

1. Frutescens.
2. Grandiflorum.
3. Cordifolium.

153. BUPLEVRUM.

1. Frutescens.
2. Rotundifolium.
3. Falcatum.

154. BUTOMUS.

1. Umbellatus.

155. BUXUS.

1. Arborescens.

B.

2. Arborescens var. aurea.
3. Arborescens var. arge.
4. Arborescens var. marg.
5. Arborescens angustif.
6. Arborescens suffruric.
7. Balearica.
8. Balearica marginata.

156. BISTROPOGON.

1. Canariense.

C.

157. CACALIA.

1. Antheuphorbium.
3. Ficoïdes.
3. Sagittata.
4. Suaveolens.
5 Tomentosa.
6. Laciniata.
7.
8.
9.
10.
11.

158. CACTUS.

1. Flagelliformis.
2. Grandiflorus.
3. Triangularis.
4. Quadrangularis.
5. Peruvianus.
6. Mammillaris.
7. Pseudo Mammillaris.
8. Stellatus.
9. Cylindricus.
10. Speciosus.
11. Speciosissimus.
12. Royenni.
13. Opuntia.
14. Spinosissimus.
15. Currassavicus.
16. Pereskia.

C.

17. Parasiticus.
18.

159. Cœsalpinia.

1. Sapan.
2. Brasiliensis.

160. Caladium.

1. Helleborifolium.
2. Esculentum.
3. Sagittifolium.
4. Pinnatifidum.
5. Arborescens.
6.

161. Calceolaria.

1. Pinnata.

162. Caldasia.

1. Heterophylla.

163. Calanchoe.

1. Crenata.
2. Pinnata.
3. Egyptiaca.

164. Calendula.

1. Arvensis.
2. Officinalis.
3. Spathulata.
4. Pluvialis.
5. Hybrida.
6. Chrysantemifolia.
7.

165. Calystachis.

1. Lanceolata.

166. Calla.

1. Æthiopica.

167. Callicarpa.

1. Americana.

C.

168. Callitriche.

1. Verna.
2. Estivalis.

169. Calluna.

1. Ericoïdes.
2. Ericoïdes flore pleno.

170. Caltha.

1. Palustris.
2. Palustris plena.
3. Repens.

171. Calycanthus.

1. Floridus.
2. Ferax.
3. Nanus.
4. Precox.

172. Camellia.

1. Japonica.
2. Japonica plena varieg.
3. Japonica plena rubra.
4. Japonica plena alba.
5. Japonica plena pomp.

173. Campanula.

1. Grandiflora.
2. Carpatica.
3. Rotundifolia.
4. Pumila.
5. Rapunculus.
6. Persicifolia.
7. Persicifolia alba plena.
8. Persicifolia cœrul. plen
9. Pyramidalis.
10. Latifolia.
11. Rapunculoïdes.
12. Trachelium.
13. Trachelium alba plena
14. Medium.
15. Lactiflora.
16. Aurea.

C.

17. Speculum.
18. Hybrida.
19. Perfoliata.
20. Acuminata.
21. Stylosa.
22. Siberica.
23.
24.

74. CANARINA.

1. Campanula.

75. CANNA.

1. Indica.
2. Coccinea.
3. Gigantea.
4. Crocata.
5. Lutea.
6. Glauca.
8. Flaccida.

76. CANNABIS.

1. Sativa.

77. CAPPARIS.

1. Spinosa.
2. Salicifolia.

78. CAPRARIA.

1. Lucida.
2. Biflora.

79. CARDAMINE.

1. Pratensis.

80. CARDIOSPERMUM.

1. Holicacabum.
2. Pubescens.

81. CARDUUS.

1. Nutans.
2. Tenuiflorus.
3. Crispus.
4. Marianus.

C.

5. Lanceolatus.
6. Eriophorus.
7. Pratensis.
8. Arvensis.
9. Acaulis.
10. Diacantha.

182. CAREX.

1. Vulpina.
2. Muricata.
3. Ovalis.
4. Stellulata.
5. Cespitosa.
6. Stricta.
7. Acuta.
8. Flava.
9. Depauperata.
10. Drymeia.
11. Distans.
12. Panicea.
13. Riparia.
14. precox.
15. Glauca.
16. Hirta.
17. Plantaginea.
18. Serrulata.

183. CARICA.

1. Monoica.
2. Papaya.

184. CAROLINEA.

1. Insignis.
2. Princeps.

185. CARPINUS.

1. Betulus.
2. Betulus quercifolius.
3. Betulus variegatus.
4. Orientalis.

186. CARTHAMUS.

1. Tinctorius.
2.

C.

187. **Caryota.**

1. Urens.

188. **Cassia.**

1. Corymbosa.
2. Occidentalis.
3. Biflora.
4. Tomentosa.
5. Marylandica.
6.
7.

189. **Castanea.**

1. Vesca.
2. Vesca heterophylla.
3. Vesca variegata.
4. Pumila.

190. **Casuarina.**

1. Equisetifolia.
2. Stricta.
3. Suberosa.

191. **Catalpa.**

1. Siryngifolia.

192. **Catananche.**

1. Cœrulea.

193. **Caucalis.**

1. Latifolia.
2. Daucoïdes.
3. Anthryscus.
4. Nodiflora.

194. **Ceanothus.**

1. Americanus.
2. Procumbens.
3. Africanus.

195. **Cecropia.**

1. Pellata.
2. Digitata.

C.

196. **Celastrus.**

1. Scandens.
2. Buxifolius.

197. **Celosia.**

1. Cristata.

198. **Celsia.**

1. Orientalis.

199. **Celtis.**

1. Australis.
2. Occidentalis.
3. Cordata.
4. Aspera.
5. Sinensis.
6. Tournefortii.

200. **Cerbera.**

1. Manghas.
2. Thevetin.
3. Rosea.

201. **Centaurea.**

1. Moschata.
2. Phrygia.
3. Nigra.
4. Nigressens.
5. Montana.
6. Cyanus.
7. Dealbata.
8. Scabiosa.
9. Macrocephala.
10 Atropurpurea.
11. Jacea.
12. Conifera.
13. Souchifolia.
14. Calcitrapa.
15. Suaveolens.
16. Decipiens.
17. Amara.
18. Seusana.
18. Miacantha.
20.

C.

202. CEPHALANTHUS.

1. Occidentalis.

203. CERASTIUM.

1. Arvense.
2. Tomentosum.
3. Aquaticum.
4. Viscosum.
5. Vulgatum.
6. Brachipetalum.
7. Semidecandum.

204. CERATONIA.

1. Siliqua.

205. CERCIS.

1. Siliquastrum.
2. Siliquastrum roseum.
3. Canadensis.

206. CESTRUM.

1. Diurnum.
2. Macrophyllum.
3. Laurifolium.
4. Salicifolium.
5. Nocturnum.
6. Parqui.

207. CHÆROPHYLLUM.

1. Sativum.
2. Sylvestre.
3. Temulum.

208. CHAMÆROPS.

1. Humilis.
2. Palmetto.

209. CHAPTALIA.

1. Tomentosa.

210. CHEILANTHES.

1. Lentigera.

C.

211. CHEIRANTHUS.

1. Cheiri.
2. Cheiri flore pleno flavo.
3. Cheiri flore pleno fusca.
4. Incanus. Var.
5. Annuus.
6. Fenestralis.
7. Græcus.
8. Mutabilis.

212. CHELIDONIUM.

1. Majus.
2. Majus duplex.

213. CHELONE.

1. Glabra.
2. Obliqua.
3. Barbata.
4. Campanulata.
5. Penstemon.

214. CHENOPODIUM.

1. Album.
2. Hybridum.
3. Murale.
4. Graveolens.
5. Concatenatum.
6. Glaucum.
7. Crassifolium.
8. Polyspermum.
9. Vulvaria.
10. Anthelminticum.
11. Nova.

215. CHIONANTHUS.

1. Virginicus.
2. Virginicus longifolius.

216. CHIRONIA.

1. Frutescens.
2. Linoïdes.

217. CHLORA.

1. Perfoliata.

C.

218. Chloranthus.

1. Inconspicuus.

219. Chorysema.

1. Illicifolia.

220. Chrysantemum.

1. Leucanthemum.
2. Pulverulentum.
3. Frutescens.
4. Pinnatifidum.
5. Prealtum.
6. Inodorum.
7. Arcticum.
8. Carinatum.
9. Coronarium.
10. Segetum.
11. Viscosum.

221. Chrysocoma.

1. Cernua.
2. Dracunculoïdes.
3. Graminifolia.

222. Chrysophyllum.

1. Caiuito.
2. Argenteum.

223. Chrysosplenium.

1. Alternifolium.

224. Cicer.

1. Arietinum.

225. Cichorium.

1. Intibus.
2. Endivia.

226. Cineraria.

1. Amelloïdes.
2. Maritima.
3. Geïfolia.

C.

4. Aurita.
5. Cruenta.
6. Tomentosa.
7. Petasites.

227. Cissus.

1. Quenquefolius.
2. Australis.
3. Acida.
4. Orientalis.

228. Cistus.

1. Vaginatus.
2. Ledon.
3. Ladaniferus.
4. Salvifolius.
5. Incanus.
6. Monspeliensis.

229. Citharexilum.

1. Quadrangulare.
2. Pubescens.

230. Citrus.

1. Medica.
2. Acida.
3. Sinensis.
4. Decumana.
5. Nobilis.
6. Buxifolia.
7. Histrix.
8. Trifolia.
9. Aurantium.
10. Aurantium bigarade.
11. Aur. bigar. cornu.
12. Aur. bigar. sanpareille.
13. Aur. bigar. de Valence.
14. Aur. bigar. royale.
15. Aur. bigar. de Gallesio.
16. Aur. douce.
17. Aur. douce à f. rouges.
18. Aur. hermaphrodite.

C.

19. Aur. à f. de laurier.
20. Medica citronier de salo
21. Medica perreta de Flor.
22. Med. perr. de St.-Dom.
23. Med. perr imperiale.
24. Med. perr. à grappe.

231. CLAYTONIA.

1. Perfoliata.

232. CLEMATIS.

1. Cirrhosa.
2. Florida.
3. Viticella.
4. Viticella rubra.
5. Viticella plena.
6. Viorna.
7. Calicina.
8. Orientalis.
9. Virginiana.
10. Vitalba.
11. Flamula.
12. Erecta.
13. Augustifolia
14. Integrifolia.

233. CLEOME.

1. Hexandra.

224. CLERODENDRUM.

1. Viscosum.
2. Fortunatum.

235. CLETHRA.

1. Alnifolia.
2. Glauca.
3. Acuminata.
4. Arborea.

236. CLYFORTIA.

1. Illicifolia.

C.

237. CLINOPODIUM.

1. Vulgare.

238. CLYTORIA.

1. Ternatea.

239. CLUSIA.

1. Flava.

240. CLUYTIA.

1. Alaternoïdes.
2. Pulchella.
3. Daphnoïdes.

241. CNEORUM.

1. Tricoccum.

242. COBÆA.

1 Scandens.

243. COCCOLOBA.

1. Pubescens.
2. Macrophylla.
3. Uvifera.
4. Excoriata.
5. Laurifolia.

244. COCHLEARIA.

1. Officinalis.
2. Armoracia.

245. COFFEA.

1. Arabica.

246. COIX.

1. Lacrima.
2. Arundinacea.

246. COLCHICUM.

1. Autumnale.
2. Autumnale flore album.
3. Variegatum.

C.

4. Montanum.

247. COLUMNEA.

1. Humilis.

248. COLUTEA.

1. Arborescens.
2. Media.
3. Orientalis.
1. Poccokii.

249. COMMARUM.

1. Palustre.

250. COMELINA.

1. Tuberosa.

251. COMPTONIA.

1. Asplenifolia.

252. CONIUM.

1. Maculatum.

253. CONVALLARIA.

1. Majalis.
2. Majalis duplex.
3. Majalis striata.
4. Bifolia.
5. Japonica.
6. Verticillata.
7. Poligonatum.
8. Poligonatum duplex.
9. Multiflora.

153. CONVOLVULUS.

1. Arvensis.
2. Sepium.
3. Batatas.
4. Cneorum.
5. Oleefolius.
6. Tricolor.
7. Hepaticæfolius.

C.

8. Canariensis.

254. CONYZA.

1. Squamosa.
2. Verbascifolia.
3. Asteroïdes.
4. Caroliniana.

255. CORCHORUS.

1. Japonicus.
2. Hyrtus.

256. CORDIA.

1. Macrophylla.
2. Scabra.

257. COREOPSIS.

1. Verticillata.
2. Tenuifolia.
3. Tripteris.
4. Alata.
5. Tinctoria.

258. CORIANDRUM.

1. Sativum.

259. CORIARIA.

1. Mirthyfolia.

260. CORNUS.

1. Sanguinea.
2. Sanguinea variegata.
3. Alba.
4. Alba variegata.
5. Sericea.
6. Circinnata.
7. Stricta.
8. Paniculata.
9. Sibirica.
10. Alternifolia.
11. Mascula.
12. Mascula macrocarpa.

C.

13. Mascula flava.
14. Floridus.
15. Canadensis.

261. CORONILLA.

1. Emerus.
2. Varia.
3. Glauca.
4. Stipularis.
5. Juncea.

262. CORREA.

1. Alba.
2. Viridis.

263. CORYDALIS.

1. Bulbosa.
2. Tuberosa.
3. Fungosa.
4. Nobilis.
5. Sempervirens.
6. Lutea.

264. CORYLUS.

1. Avellana.
2. Tubulosa alba.
3. Tubulosa rubra.
4. Glomerata.
5. Americana.
6. Colurna.
7. Avellana laciniata.

265. COSMEA.

1. Bipinnata.

266. COTYLEDON.

1. Orbiculata.
2. Umbilicus.
3. Lutea.

267. CRAMBE.

1. Maritima.

C.

268. CRASSULA.

1. Tetragona.
2. Lactea.
3. Muscosa.
4. Spathulata.
5. Tuberculata.
6. Rubens.
7. Perfoliata.
8. Obvallata.
9. Orbicularis.
10. Perfossa.

269. CREPIS.

1. Biennis.
2. Rubra.
3. Virens.
4. Dioscoridis.
5. Purpurea.

270. CRINUM.

1. Americanum.
2. Erubescens.
3. Taïtense.

271. CRITHMUM.

1. Maritimum.

272. CROCUS.

1. Sativus.
2. Vernus.
3. Odorus.

273. CROSSANDRA.

1. Undulæfolia.

274. CROTALARIA.

1. Juncea.
2. Purpurea.

275. CROTON.

1. Pictum.

276. CUCUBALUS.

1. Behen.

C.

2. Fimbriatus.

277. CUCUMIS.

1. Melo.
2. Sativus.
3. Prophetarum.
4.

278. CUPRESSUS.

1. Sempervirens.
2. Semperv. horisontalis.
3. Orientalis.
4. Thuyoïdes.
5. Lusitanica.

279. CURCUMA.

1. Longa.

280. CUSCUTA.

1. Europæa.

281. CUSSONIA.

1. Latifolia.

282. CYANELLA.

1. Capensis.

283. CYCAS.

1. Revoluta.
2. Circinalis.

284. CYCLAMEN.

1. Europæum.
2. Persicum.
3. Hederæfolium.

285. CYDONIA.

1. Vulgaris.
2. Vulgaris Lusitanica.
3. Sinensis.
4. Japonica.

286. CYMBIDIUM.

1. Aloïfolium.

C.

2. Sinense.
3. Tuberosum.
4. Altum.

287. CYNANCHUM.

1. Acutum.

288. CYNARA.

1. Cardunculus.
2. Scolymus.

289. CYNODON.

1. Dactylon.

290. CYNOGLOSSUM.

1. Officinale.
2. Linifolium.
3. Omphalodes.

291. CYNOSURUS.

1. Cristatus.

292. CYPERUS.

1. Papyrus.
2. Pungens.
3. Alternifolius.
4. Esculentus.
5. Longus.
6. Dives.
7. Fuscus.
8. Flavescens.

293. CYPRIPEDIUM.

1. Calceolus.

294. CYRILLA

1. Caroliniana.

295. CYRTANTHUS.

1. Minor.

296. CYTISUS.

1. Laburnum.

C.

1. Laburnum incisum.
3. Alpinus.
4. Sessilifolius.
5. Nigricans.
6. Purpureus.
7. Hirsutus.
8. Argenteus.
9. Volgaricus.
10. Cajan.

D.

97. DACTYLIS.

1. Glomerata.

98. DAHLIA.

1. Frustranca.
2. Superflua.

99. DALBERGIA.

1.

00. DAPHNE.

1. Mezereum.
2. Mezereum album.
3. Mezereum hybridum.
4. Laureola.
3. Laureola variegata.
6. Odora.
7. Pontica.
1. Pontica rubra.
9. Gnidium.
10. Oleæfolium.
11. Collina.
12. Alpina.
13. Altaïca.
14. Cneorum.

01. DATISCA.

1. Canabina.

02. DATURA.

1. Stramonium.

D.

2. Tatula.
3. Lævis.
4. Fastuosa.
5. Metel.
6. Hybrida.
7. Ceratocaula.

303. DAUCUS.

1. Carotta.
2. Aurea.
3. Maritima.

304. DAVIESIA.

1. Denudata.

305. DECUMARIA.

1. Barbara.

306. DELPHYNIUM.

1. Consolida.
2. Ajacis.
3. Ajacis duplex.
4. Ajacis minor duplex.
5. Grandiflorum.
6. Grandiflorum duplex.
7. Elatum.
8. Staphysagria.

307. DIANELLA.

1. Nemorosa.
2. Cœrulea.

308. DIANTHUS.

1. Barbatus
2. Carthusianorum.
3. Armeria.
4. Prolifer.
5. Caryophyllus.
6. Fruticosus.
7. Chinensis.
8. Chinensis latifolius.
9. Deltoïdes.

D.

10. Plumarius.
11. Superbus.
12. Hispanicus.
13. Corymbosus.
14. Caucasicus.
15. Monspeliacus.

309. DICTAMNUS.

1. Fraxinella.
2. Fraxinella alba.

310. DIERVILLA.

1. Lutea.

311. DIGITALIS.

1. Purpurea.
2. Purpurea alba.
3. Lutea.
4. Ambigua.
5. Orientalis.
6. Aurea.
7. Ferruginea.
8. Canariensis.

312. DIGITARIA.

1. Sanguinale.

313. DILLENIA.

1. Speciosa.

314. DIMOCARPUS.

1. Litchi.

315. DIOSCOREA.

1. Alata.

316. DIOSMA.

1. Ericoïdes.
2. Filiformis.
3. Ciliata.
4. Uniflora.
5.

D.

1.

317. DIOSPYROS.

1. Lotus.
2. Virginiana.
3. Kaki.

318. DIPSACUS.

1. Sylvestris.
2. Fullonum.
3.

319. DIRCA.

1. Palustris.

320. DISANDRA.

1. Prostata.

321. DODECATHEON.

1. Meadia.

322. DODONÆA.

1. Viscosa.
2. Triquetra.

323. DOLICHOS.

1. Lablab.
2. Lablab semine albo.
3. Sesquipedalis.
4. Lignosus.

324. DOMBEYA.

1. Rosea.

324. DORONICUM.

1. Pardalianches.
2. Plantagineum.

324. DROSTENIA.

1. Contrayerba.

325. DRABA.

1. Verna.

E.

326. DRACÆNA.

1. Terminalis.
2. Marginata.
3. Draco.
4. Reflexa.

327. DRACOCEPHALUM.

1. Virginicum.
2. Canariense.
3. Moldavica.
4. Rhusychyana.
5. Austriacum.

327. DRACONTIUM.

1. Pertusum.

328. DURANTA.

1. Plumieri.
2. Ellisia.

E.

329. ECHINO.

1. Sphærocephalus.
2. Ritro.

330. ECHIUM.

1. Vulgare.
2. Candicans.
3. Strictum.

331. EDWARDSIA.

1. Tetraptera.
2. Microphylla.

332. EHRETIA.

1. Tinifolia.

333. ELEAGNUS.

1. Angustifolius.
2. Angustifolius latifolius.
3. Acuminatus.

E.

334. ELATÉ.

1. Sylvestris.

335. ELICHRYSUM.

1. Fulgidum.
2. Bracteatum.

336. EMPETRUM.

1. Nigrum.

337. EPHEDRA.

1. Distachia.
2. Altissima.

338. EPILOBIUM.

1. Spicatum.
2. Augustissimum.
3. Hirsutum.
4. Pubescens.
5. Montanum.
6. Tetragonum.

339. EPIMEDIUM.

1. Alpinum.

340. EPIPACTIS.

1. Latifolia.
2. Palustris.
3. Grandiflora.
4. Nidus avis.
5. Ovata.

341. EQUISETUM.

1. Arvense.
2. Palustris.
3.

342. ERANTHEMUM.

1. Pulchellum.

343. ERICA.

1. Cinerea.

E.

2. Tetralix.
3. Politrichifolia.
4. Mediterranea.
5. Ignescens.
6. Grandiflora.
7. Herbacea.
8. Vagans.
9. Vagans alba.
10. Ciliaris.

344. ERIGERON.

1. Canadense.
2. Acre.

345. ERINUS.

1. Alpinus.

346. ERODIUM.

1. Pinpinnellifolium.
2. Moschatum.
3. Hymenodes.
4. Chamædrioïdes.
5. Gussoni.
6.

347. ERVUM.

1. Lens.
2. Lens minor.
3. Tetraspermum.
4 Hirsutum.

348. ERYNGIUM.

1. Campestre.
2. Planum.
3. Maritimum.
4. Tricuspidatum.

349. ERYSIMUM.

1. Barbarea.
2. Barbarea plena.
3. Precox.
4. Alliaria.

E.

5. Officinale.

350. ERYTHRÆA.

1. Centaurium.
2. Ramosissima.
3. Viscosa.

351. ERYTHRINA.

1. Corralodendrum.
2. Herbacea.
3. Indica.
4.

352. ERYTHRONIUM.

1. Dens canis.
2. Aureum.

353. EUCALIPTUS.

1. Piperita.
2. Diversifolia.
3. Capitellata.

354. EUCOMIS.

1. Punctata.
2. Regia.

355. EUGENIA.

1. Jambos.
2. Uniflora.
3. Australis.
4.

356. EUPATORIUM.

1. Canabinum.
2. Mellissoïdes.
3. Ageratoïdes.
4. Altissimum.
5. Purpureum.
6. Cælestinum.

357. EUPHORBIA.

1. Antichorum.

E.

2. Caput Medusæ.
3. Mellifera.
4. Peplus.
5. Histrix.
6. Lathyris.
7. Sylvatica.
8. Cyparissias.
9. Characias.
10. Dendroïdes.
11. Frutescens.
12. Cotinifolia.
13.
14.

358. Euphrasia.

1. Odontites.
2. Officinalis.

359. Evonymus.

1. Europæus.
2. Europæus f.s albus.
3. Europæus variegatus.
4. Atrovirens.
5. Verrucosus.
6. Latifolius.
7. Americanus.

F.

360. Fabricia.

1. Lævigata.

361. Fagara.

1. Pterota.
2. Tragodes.

362. Fagus.

1. Sylvatica.
2. Sylvatica variegata.
3. Sylvatica pendula.
4. Sylvatica asplenifolia.

F.

5. Purpurea.
6. Cupræa.
7. Americana.

363. Falkia.

1. Repens.

364. Fedia.

1. Cornucopiæ.
2. Olitoria.
3. Dentata.
4. Coronata.
5. Eriocarpa.

365. Ferraria.

1. Undulata.

366. Ferula.

1. Communis.
2. Ferulago.

367. Festuca.

1. Heterophylla.
2. Aspera.
3. Myuros.
4. Pratensis.
5. Glauca.
6. Ovina.

368. Ficaria.

1. Ranunculoïdes.

369. Filago.

1. Germanica.
2. Arvensis.

370. Flacourtia.

1. Ramoutchi.

371. Fontanesia.

1. Phyllireoïde

F.

372. **Fotergilla.**

1. Alnifolia.

373. **Fragaria.**

1. Vesca.
2. Vesca efflagellis.
3. Vesca monophylla.
4. Grandiflora.
5. Chiloensis.
6. Indica.

374. **Fraxinus.**

1. Excelsior.
2. Excelsior jaspidea.
3. Excelsior variegata.
4. Excelsior verrucosa.
5. Excelsior aurea.
6. Excelsior pendula.
7. Excelsior nanus.
8. Excelsior atrovirens.
9. Excelsior monophylla.
10. Pallida.
11. Lentiscifolia.
12. Parvifolia.
13. Viridis.
14. Americana.
15. Lancea.
16. Nigra.
17. Juglandifolia.
18. Pubescens.
19. Cinerea.
20. Longifolia.
21. Sambucifolia.
22. Quadrangularis.
23. Platicarpa.
24. Richardi.
25. Caroliniana.
26. Alba.

375. **Fritillaria.**

1. Imperialis.
2. Meleagris.

F.

376. **Fuchsia.**

1. Coccinea.
2. Lycioïdes.

377. **Fumaria.**

1. Officinalis.
2. Parviflora.

G.

378. **Galanthus.**

1. Nivalis.
2. Nivalis flore pleno.

379. **Galardia.**

1. Perennis.

380. **Galaxia.**

1. Ixiæflora.

381. **Galega.**

1. Officinalis.
2. Orientalis.

382. **Goleobdolon.**

1. Vulgare.

383. **Galeopsis.**

1. Tetrahit.
2. Auchroleuca.

384. **Galium.**

1. Spurium.
2. Verum.
3. Mollugo.
4. Aparine.
5. Palustre.

385. **Gardenia.**

1. Florida.
2. Latifolia.

G.

3. Radicans.
4. Thumbergia.

386. GARIDELLA.

1. Nigellastrum.

387. GARUGA.

1. Pinnata.

388. GAULTERIA.

1. Procumbens.

389. GAURA.

1. Biennis.
2. Mutabilis.

390. GAZANIA.

1. Rigens.
2. Pavonia.

397. GENIPA.

1. Americana.

398. GENISTA.

1. Tinctoria.
2. Siberica.
3. Pilosa.
4. Anglica.
5. Sagittalis.
6. Candicans.

399. GENTIANA.

1. Lutea.
2. Pneumonanthe.
3. Germanica.
4. Asclepiadea.
5. Acaulis.
6. Alpina.

400. GERANIUM.

1. Sanguineum.

G.

2. Anemonefolium.
3. Machrorhizum.
4. Striatum.
5. Pratense.
6. Pratense duplex.
7. Molle.
8. Columbinum.
9. Disectum.
10. Rotundifolium.
11. Pusillum.
12. Tuberosum.
13. Plicœum.
14. Sylvaticum.

401. GEUM.

1. Urbanum.
2. Nutans.
3.

402. GLADIOLUS.

1. Communis.
2. Communis Bizantinus.
3. Tristis.
4. Crocatus.
5. Concolor.
6. Merianus.
7. Xanthophyllus.
8. Cuspidatus.
9. Lineatus.
10. Plicatus.
11. Hyalinus.
12. Tubiflorus.

403. GLAUCIUM.

1. Corniculatum.
2. Hybridum.

404. GLECHOMA.

1. Hederacea.

405. GLEDITCHIA.

1. Triacanchos.

G.

2. Caspia.
3. Orientalis.
4. Sinensis.
5. Macrocanthos.
6. Monosperma.

406. GLOBBA.

1. Nutans.

407. GLOBULARIA.

1. Vulgaris.
2. Alypum.
3. Longifolia.

408. GLORIOSA.

1. Superba.

409. GLOXINIA.

1. Maculata.
2. Speciosa.

410. GLYCINE.

1. Monoïca.

411. GLYCIRRHIZA.

1. Echinata.

412. GNAPHALIUM.

1. Longifolium.
2. Stæchas.
3. Orientale.
4. Fœtidum.
5. Cymosum.
6. Margaritaceum.
7. Luteoalbum.
8. Sylvaticum.

413. GNIDIA.

1. Simplex.

414. GOMPHRENA.

1. Globosa.

G.

2. Globosa alba.

415. GOODENIA.

1. Ovata.
2. Calendulacea.
3. Lævigata.
4. Prostrata.

416. GOODIA.

1. Latifolia

417. GORDONIA.

1. Pubescens.

418. GOSSIPIUM.

1. Herbaceum.
2. Arboreum.

419. GOUANIA.

1. Integrifolia.

420. GREWIA.

1. Orientalis.
2. Occidentalis.
3. Tiliœfolia.
4.

421. GUILANDINA.

1. Bonduc.

422. GYMNOCLADUS.

1. Canadensis.

423. GYPSOPHYLLA.

1. Paniculata.
2. Steveni.

424.

H.

25. Haemanthus.

1. Coccineus.

26. Hakea.

1. Ceratophylla.
2. Suaveolens.
3. Saligna.

7. Halezia.

1. Tetraptera.

28. Halleria.

1. Lucida.

26. Haloragis.

1. Cercodea.

30. Hamamelis.

1. Virginica.

31. Hamellia.

1. Patens.

32. Hædera.

1. Helix.
2. Helix variegata.

32. Hedichium.

1. Coronarium.
2. Augustifolium.

4. Hedisarum.

1. Vespertilionis.
2. Gyrans.
3. Canadensis.
4. Coronarium.
5. Onobrichis.
6. Saxatilis.

5. Helenium.

1. Automnale.

H.

2. Quadridentatum.

436. Helianthemum.

1. Vulgare.
2. Fumana.
3. Guttatum.
4. Lœvipes.

437. Helianthus.

1. Annuus.
2. Indicus.
3. Multiflorus.
4. Multiflorus plenus.
5. Tuberosus.
6. Mollis.
7. Atrorubens.
8.
9.
10.

438. Heliconia.

1. Bihaï an psitaccorum.
2. Humilis.

439. Helicteres.

1. Althœifolia.

440. Heliotropium.

1. Europœum.
2. Peruvianum.
3. Grandiflorum.
4. Indicum.

441. Helleborus.

1. Fœtidus.
2. Viridis.
3. Niger.
4. Hyemalis.

442. Helonias.

1. Bullata.

H.

443. Hemerocalis.

1. Fulva.
2. Flava.
3. Graminea.
4. Cordata.
5. Cærulea.

444. Heracleum.

1. Sphondilium.

445. Heritiera.

1. Littoralis.
2. Longifolia.

446. Hermannia.

1. Denudata.
2. Flammæa.
3. Althæifolia.

447. Hernandia.

1. Sonora.

448. Herniaria.

1. Glabra.
2. Hirsuta.

449. Hesperis.

1. Matronalis.
2. Bituminosa.
3. Maritima.

450. Heuchera.

1. Americana.

451. Hibbertia.

1. Grossularicæfolia.

452. Hibiscus.

1. Moscheutos.
2. Militaris.

H.

3. Populneus.
4. Rosasinensis.
5. Rosasin. rubra plena.
6. Rosasinen. flova plena.
7. Rosas. variegata plena.
8. Mutabilis.
9. Mutabilis flore pleno.
10. Syriacus.
11. Syriacus rubra plena.
12. Syriacus alba plena.
13. Speciosus.
14. Manihot.
15. Esculentus.
16. Trionum.

453. Hippocrepis.

1. Comosa.

457. Hippophæ.

1. Rhamnoïdes.
2. Canadensis.
3. Argentea.

458. Hippuris.

1. Vulgaris.

469. Holcus.

1. Lanatus.
2. Mollis.

460. Holosteum.

1. Umbellatum.

461. Hordeum.

1. Vulgare.
2. Distichon.
3. Hexastichon.
4. Hexastichon nudum.
5. Pratense.
6. Murinum.

462. Hottonia.

1. Palustris.

H.

460. Hotonia.

1. Palustris.

461. Houstonia.

1. Coccinea.

462. Hoya.

1. Carnosa.

463. Humulus.

1. Lupulus.

464. Hura.

2. Crepitans.

465. Hyacinthus.

1. Orientalis.

2.

466. Hydrangea.

1. Arborescens.
2. Heterophylla.
3. Glauca.
4. Quercifolia.

467. Hydrophyllum.

1 Canadense.
2. Magellanicum,

468. Hymenea.

1. Courbaril.
2. Verrucosa.

469. Hyociamus.

1. Niger.
2. Pallidus.

470. Hymenophyllum.

1. Thumbridgense.

H.

471. Hypecoum.

1. Procumbens.

472. Hypericum.

1. Perforatum.
2. Quadrangulare.
3. Humifusum.
4. Montanum.
5. Pulchrum.
6. Androsæmum.
7. Elatum.
8. Hirsinum.
9. Balearicum.
10. Macrocarpum.
11. Monogynum.
12. Canariense.
13. Coris.
14. Kalmianum.
15. Calicinum.
16. Veronense.
17. Undulatum.
18.
19.

473. Hypoxis.

1. Stellata.
2. Sobolifera.

474. Hyssopus.

1. Officinalis.
2. Officinalis alba.
3. Officinalis rubra.
4. Officinalis mirthifolia.
5. Augustifolius.
6. Discolor.

I.

475. Iberis.

1. Semperflorens.
2. Sempervirens.

I.

3. Umbellata.
4. Amara.

476. Ilex.

1. Aquifolium.
2. Aquifol. var. aureum.
3. Aqui. var. argenteum.
4. Aq. crispum argenteum.
5. Aq. crispum aureum.
6. Aquifolium serratum.
7. Balearicum.
8. Perado.
9. Crocea.
10. Canadensis.
11. Cassine.

477. Illicium.

1. Parviflorum.
2. Floridanum.

478. Impatiens.

1. Balsamina var.
2. Nolimetangere.

479. Indigofera.

1. Decumbens.
2. Australis.
3. Psoraloïdes.
4. Tinctoria.
5. Cytisoïdes.

480. Inula.

1. Helenium.
2. Dissanterica.
3. Pulicaris.
4. Salicina.
5. Chritmifolia.
6. Britannica.

481. Ipomea.

1. Purpurea.
2. Coccinea.
3. Quamoclit.

I.

482. Iris.

1. Germanica.
2. Pumila.
3. Sambucina.
4. Lutescens.
5. Fimbriata.
6. Pallida.
7. Xiphium.
8. Xiphioïdes.
9. Pseudoacorus.
10. Fœtida.
11. Fætida variegata.
12. Tuberosa.
13. Edulis.
14. Persica.
15. Desertorum.
16. Graminea.
17. Spuria.
18. Ochrolenca.
19. Scorpioïdes.
20. Florentina.
21. Virginica.
22. Severtii.
23. Versicolor.
24. Plicata.

483. Isatis.

1. Tinctoria.
2. Orientalis.

484. Isopirum.

1. Thalictroïdes.

485. Itea.

1. Virginica.

486. Iva.

1. Frutescens.

I.

487. IXIA.

1. Violacea.
2. Aristata.
3. Longiflora.
4. Grandiflora.
5. Polystachia.
6. Bulbifera.
7. Maculata

488. IXORA.

1. Coccinea.

J.

489. JAMBOLIFERA.

1. Pedonculata.

490. JASIONE.

1. Montana.
2. Perennis.

491. JASMINUM.

1. Sambac.
2. Glaucum.
3. Geniculatum.
4. Volubile.
5. Azoricum.
6. Fruticans.
7. Humile.
8. Revolutum.
9. Odoratissimum.
10. Officinale.
11. Officinale variegatum.
12. Grandiflorum.
13. Undulatum.
1 . Pubescens.

492. JATROPHA.

1. Panduræfolia.
2. Curcas.
3. Multifida.
4. Manihot.

J.

5. Urens.

493. JUGLANS.

1. Regia.
2. Pterocarpa.
3. Nigra.
4. Cinerea.
5. Olivœformis.
6. Alba.
7. Aquatica.

494. JUNCUS.

1. Effusus.
2. Conglomeratus.
3. Glaucus.
4. Squarrosus.
5. Aquaticus
6. Bulbosus.
7. Bufonius

495. JUNIPERUS.

1. Communis.
2. Sabina.
3. Sabina variegata.
4. Virginiana.
5. Phœnicea.
6. Suecica.
7. Oxicedrus
8. Tamaricifolia.
9.

496. JUSSIEUVA.

1. Grandiflora.
2. Frutescens.

497. JUSTICIA.

1. Adathoda.
2. Quadrifida.
3. Coccinea.
4. Bicolor.
5. Picta.
6

K.

498. KAMPFERIA.

1. Longa.

499. KALMIA.

1. Latifolia.
2. Angustifolia.
3. Angustifolia olœfolia.
4. Glauca.

500. KENNEDIA.

1. Rubiconda.
2. Coccinea.

501. KIGELLARIA.

1. Africana.

502. KITAIBELIA.

1. Vitifolia.

503. KOELREUTERIA.

1. Paniculata.

L.

504. LACHENALIA.

1. Luteola.
2. Pendula.
3. Tricolor.

505. LACTUCA.

1. Sativa.
2. Sativa ramana.
3. Sativa crispa.
4. Virosa.
5. Saligna.
6. Perennis.

506. LAGESTREMIA.

1. Indica.

L.

507. LAGUNEA.

1. Squamosa.

508. LAMIUM.

1. Album.
2. Purpureum.
3. Maculatum.
4. Hybridum.
5. Garganicum.
6. Amplexicaule.
7. Orvala.

509. LANTANA.

1. Aculeata.
2. Violacea.
3. Camara.

510. LAPEYROUSIA.

1. Juncea.

511. LAPPAGO

1. Racemosa.

512. LAPSANA.

1. Communis.

513. LAROCHEA.

1. Falcata.
2. Coccinea.
3. Odoratissima.

514. LASIOPETALUM.

1. Ferrugineum.
2. Purpureum.

515. LATANIA.

1. Rubra.

516. LATHYRUS.

1. Aphaca.

L.

2. Cicera.
3. Odoratus. var.
4. Sativus.
5. Tuberosus.
6. Pratensis.
7. Sylvestris.
8. Latifolius.
9. Latifolius albus.

517. LAVANDULA.

1. Spica.
2. Stœchas.
3. Multifida.

518. LAVATERA.

1. Arborea.
2. Micans.
3. Olbia.
4. Trimestris.
5.

519. LAURUS.

1. Nobilis.
2. Nobilis variegata.
3. Nobilis angustifolia.
4. Sassafras.
5. Benzoin.
6. Camphora.
7. Indica.
8. Caroliniana.
9. Cassia.
10. Cinnamomum.

520. LEDUM.

1. Palustre.
2. Latifolium.
3. Odoratissimum.
4. Procumbens.
5. Thymifolium.

521. LEEA.

1. Macrophylla.

L.

522. LEMNA.

1. Polyrrhiza.

523. LEONTODON.

1. Taraxacum

524. LEONURUS.

1. Cardiaca.
2. Crispus.

525 LEPIDIUM.

1. Latifolium.
2. Sativum.

526. LEPTOSPERMUM.

1. Thea.
2. Pubescens.
3. Juniperinum.
4. Lanigerum.

527. LIATRIS.

1. Elegans.

528. LIGUSTICUM.

1. Lœvisticum.

529. LIGUSTRUM.

1. Vulgare.
2. Vulgare fructu albo.
3. Lucidum.

530. LILIUM.

1. Candidum.
2. Candidum duplex.
3. Bulbiferum.
4. Croceum.
5. Pomponium.
6. Superbum.
7. Tigrinum.

L.

8. Japonicum.
9.

531. Limnetis.

1. Pungens.

532. Limodorum.

1. Tankervillee.
2.

533. Limonia.

1. Monophylla.
2. Trifoliata.

534. Linaria.

1. Cimbalariœ.
2. Spuria.
3. Bipartita.
4. Supina.
5. Genistœfolia.
6. Vulgaris
7. Vulgaris peloria.
8. Minor.
9. Reticulata.
10.

535. Linum.

1. Usitatissimum.
2. Perenne.
3. Tenuifolium.
4. Suffruticosum.
5. Quadrifolium.
6. Catharticum.
7. Triginum.
8.

536. Liquidembar.

1. Stiraciflua.
2. Imberbe.

L.

537. Liriodendron.

1. Tulipifera.
2. Tulipifera integrifolia.

538. Lithospermum.

1. officinale.
2. Arvense.
3. Purpureocœruleum.

539. Lobelia.

1. Cardinalis.
2. Fulgens.
3. Siphylitica.
4. Triquetra.

540. Lolium.

1. Perenne.
2. Tenue.
3.

541. Lonicera.

1. Caprifolium.
2. Sempervirens.
3. Semperv. angustifolia.
4. Periclimenum.
5. Periclim. quercifolium.
6. Parviflora.
7. Flava.
8. Balearica.
9. Japonica.
10. Xilosteon.
11. Tartarica.
12. Alpigena.
13. Nigra.
14. Cerulea.
15. Pyrenaica.

542. Lopezia.

1. Racemosa.

L.

543. **Lotus.**

1. Siliquosus.
2. Tetragonolobus.
3. Jacobœus.
4. Corniculatus.
5. Tenuifolius.
6. Varians.

544. **Lunaria.**

1. Annua.
2. Rediviva.

545. **Lupinus.**

1. Varius.
2. Albus
3. Hirsutus.
4. Odoratus.
5. Perennis.

546. **Luzula.**

1. Pilosa.
2. Campestris.
3. Erecta.
4. Maxima.

547. **Lychnis.**

1. Dioïca.
2. Sylvestris.
3. Sylvest. duplex (jacé).
4. Calcedonica.
5. Calcedonica alba.
6. Calcedonica plena.
7. Floscuculi.
8. Fl. plena (veronique).
9. Viscaria.
10. V. plena (Bourbonaise).
11. Coronata.
12. Fulgens.

548. **Lycium.**

1. Europœum.
2. Barbarum.
3. Sinense.
4. Americanum.
5.

549. **Lycopodium.**

1. Denticulatum.

550. **Lycopus.**

1. Europœus.
2. Exaltatus.

551. **Lycopsis.**

1. Arvensis.

552. **Lygeum.**

1. Sparthum.

553. **Lysimachia.**

1. Vulgaris.
2. Numullaria.
3. Verticillata.
4. Ephemerum.

554. **Lythrum.**

1. Salicaria.
2. Virgatum.
3. Hissopifolium.
4. Vulneraria.

M.

555. **Magnolia.**

1. Tripetala.
2. Cordata.
3. Pyramidata.
4. Macrophylla.
5. Acuminata.
6. Cordata.
7. Grandiflora.
8. Glauca.

M.

9. Purpurea.
10. Fuscata.
11. Pumila.
12. Conspicua.

556. Mahernia.

1. Insisa.
2. Pinnata.

557. Malope.

1. Trifida.

558. Malpighia.

1. Glabra.
2. Urens.
3. Macrophylla.
4. Coccifera.

559. Malva.

1. Americana.
2. Angustifolia.
3. Abutiloïdes.
4. Fragrans.
5. Capensis.
6. Miniata.
7. Caroliniana.
8. Rotundifolia.
9. Sylvestris.
10. Mauritiana.
11. Crispa.
12. Alcea.
13. Moschata.
14. Umbellata.

560. Mammea.

1. Americana.

561. Mandragora.

1. Officinalis.

562. Mangifera.

1. Indica.

M.

(562 *bis.*) Maranta.

1. Zebrena.

563. Marrubium.

1. Vulgare.
2. Astracanicum.
3. Pseudodictamus.

564. Martynia.

1. Annua.
2. Angulosa.

565. Maurandia.

1. Sempervirens.
2. Authirhiniflora.

566. Medeola.

1. Asparagoïdes.

567. Medicago.

1. Arborea.
2. Sativa.
3. Falcata.
4. Circinnata.
5. Maculata.
6. Apiculata.
7. Minima.

568. Melaleuca.

1. Hypericifolia.
2. Ericœfolia.
3. Diosmœfolia.
4. Armillaris.
5. Coronata.
6. Splendens.
7. Chlorantha.
8. Mirthifolia.
9. Pulchella.
10. Styphelioïdes.

569. Melampyrum.

1. Arvense.
2. Vulgatum.

M.

570. Melastoma.

1. Cymosa.
2. Cærulea.

571. Melia.

1. Azedarach.
2. Sempervirens.

572. Melilotus.

1. Cœrulea.
2. Officinalis.
3. Altissima.

573. Melianthus.

1. Major.
2. Minor.

574. Melica.

1. Uniflora.
2. Altissima.

575. Melissa.

1. Officinalis.
2. Incana.

576. Melittis.

1. Melisophyllum.

577. Menispermum.

1. Canadense.
2. Virginicum.

278. Mentha.

1. Viridis.
2. Rotundifolia.
3. Crispa.
4. Aquatica.
5. Pulegium.
6. Viridis.

579. Mentzelia.

1. Aspera.

M

580. Menyanthes.

1. Trifoliata.

581. Menziezia.

1. Polifolia.

482. Mercurialis.

1. Annua
2. Perennis.

583. Mesembrianthemum.

1. Linguiforme.
2. Dolabriforme.
3. Cristalinum.
4. Noctiflorum.
5. Bicolorum.
6. Violaceum.
7. Barbatum.
8. Spinosum.
9. Bracteatum.
10. Pugioniforme.
11. Forficatum.
12. Inclosens.
13.
14.
15.
16.

584. Mespylus et gratæc.

ſſ. 1. Mespylus.

1. Germanica.
2. Germanica macrocarpa.
3 Germanica abortiva.
4. Japonica.
5. Sinensis.
6. Dentata.
7. Cotone aster.
8. Eriocarpa.
9. Pyrifolia.
10. Chamœmespylus.

M. M.

11. Botryapium.
12. Racemosa.
13. Rotundifolia.
14. Spicata.
15.

§§ 12. Cratægus.

16. Oxiacantha.
17. Oxicantha rosea.
18. Oyicantha plena.
19. Oyicantha flava.
20. Oxiacanthoides.
21. Azarolus.
22. Azarolus flava.
23. Heterophylla.
24. Nigra.
25. Celsiana.
26. Tenacetifolia.
27. Odoratissima.
28. Corralina.
29. Linearis.
30. Spathulata.
31. Tomentosa.
32. Grossulariæfolia.
33. Latifolia.
34. Ovalis.
35. Lobata.
36. Orientalis.
37. Flavescens.
38. Cordata.
39. Carolinea.
40. Badiata.
41. Crusgalli.
42. Elleptica.
43. Incisa.
44. Aronia.
45. Flabellata.
46. Lucida.
47. Fissa.
48. Prunifolia.
49. Pyrifolia.
50. Sanguinea.
51. Pyracantha.
52. Parvifolia.
53. Grandiflora.
54. Glabra.
55. Intermedia.
56. Torminalis.
57. Latifolia.
58. Aria.
59. Aria longifolia.
60. Græca.

585. Metrosideros.

1. Lophanta.
2. Angustifolia.
3. Saligna.
4. Glauca.
5.

586. Milium.

1. Effusum.

587. Mimosa.

1. Pudica.
2. Sensitiva.

588. Mimulus.

1. Ringens.
2. Guttatus.
3. Glutinosus.

589. Mirabilis.

1. Dichotoma.
2. Longiflora.
3. Hybrida.

590. Mitchella.

1. Repens.

591. Mittella.

1. Diphylla.

592. Mæringia.

1. Muscosa.

M.

593. MOLUCELLA.

1. Lævis.
2. Spinosa.

594. MOMORDICA.

1. Charantia
2. Elaterium.

595. MONARDA.

1. Didyma.
2. Fistulosa.
3. Violacea.

596. MONSONIA.

1. Lobata.
2. Speciosa.

597. MORÆA.

1. Nortiana.
2.

598. MORINA.

1. Persica.

599. MORUS.

1. Alba.
2. Italica.
3. Tartarica.
4. Constantinopolitana.
5. Rubra.
6. Nigra.
7. Sinensis.

600. MURRAYA.

1. Exotica.

601. MUSA.

1. Paradisiaca.
2. Paradisiaca rubra.
3. Sapientum.

M.

602. MUSCARI.

1. Suaveolens.
2. Racemosa.
3. Comosa.
4. Comosa monstruosa.
6. Botrioïdes.

603. MYAGRUM.

1. Sativum.

604. MYOPORUM.

1. Tuberculatum

605 MYOSOTIS.

1. Scorpioïdes
2. Palustris.

606. MYOSURUS.

1. Minimus

607. MYRICA.

1. Pensylvanica
2. Gale.
3. Quercifolia.
4. Cordifolia.

608. MYRIOPHYLLUM.

1. Spicatum.

609. MYRRHIS.

1. Odorata.

610. MYRSINE.

1. Africana.

611. MYRTHUS.

1. Communis.
2. Communis variegata.
3. Communis flore pleno.

M.

4. Romana.
5. Australis.

N.

12. NANDINA.

1. Domestica.

613. NAPÆA.

1. Lævis.
2. Scabra.

614. NARCISSUS.

1. Pseudo-narcissus.
2. Pseudo jonquilla.
3. Poeticus.
4. Jonquilla.
5. Tazetta.
6. Reflexus.
7. Polyanthos.
8. Niveus.
9. Odorus.
10. Minor.

615. NOVEMBURGIA.

1. Trinervata.

616. NEOTTIA.

1. Æstivalis.

617. NEPETA.

1. Violacea.
2. Melissæfolia.
3. Cataria.

618. NERIUM.

1. Oleander.
2. Oleander splendens.
3. Oleander album.
4. Odoratum.
5. Odoratum multiplex.

N.

619. NICANDRA.

1. Physaloïdes.

620. NICOTIANA.

1. Tabacum.
2. Frutescens.
3. Rustica.
4. Undulata.
5. Glutinosa.
6. Quadrivalvis.
7. Paniculata.
8. Decurrens.

621. NIGELLA.

1. Sativa.
2. Damascena.
3. Hispanica.
4. Orientalis.

622. NOLANA.

1. Prostrata.

623. NYCTANTHES.

1. Sambac.
2. Sambac plena.

624. NYMPHÆA.

1. Lutea.
2. Alba.

625. NYSSA.

1. Montana.
2. Aquatica.
3. Grandidentata.

O.

626. OCYMUM.

1. Basilicum.
2. Minimum.

O.

627. OEDERA.

1. Prolifera.

628. OENANTHE.

1. Fistulosa.
2. Peucedanifolia.

629. OENOTHERA.

1. Biennis.
2. Grandiflora.
3. Suffruticosa.
4. Pumila.
5. Tetraptera.
6. Rosea.
7. Purpurea.
7. Mollissima.
9. Odorata.
10.

630. OLEA.

1. Europæa.
2. Fragrans.
3. Undulata.
4. Emarginata.
5.

631. ONONIS.

1. Arvensis.
2. Antiquorum.
3. Altissima.
4. Natrix.
5. Ramosissima.
6. Rotundifolia.
7. Fruticosa.

632. ONOPORDUM.

1. Arabicum.
2. Acanthium.

633. OPHRYS.

1. Aranifera.
2. Fuciflora.

O.

3. Mioïdes.
4. Speculum.
5. Lutea.
6. Scolopax.
7.
8.

634. ORCHIS.

1. Bifolia.
2. Pyramidalis.
3. Coriophora.
4. Morio.
5. Palustris.
6. Militaris.
7. Mimusops.
8. Latifolia.
9. Maculata.
10. Fusca.
11.
12.

635. ORIGANUM.

1. Vulgare.
2. Majorana.
3. Onites.
4. Smyrneum.
5. Ægyptiacum.
6. Dictamnus.

636. ORNITHOGALUM.

1. Luteum.
2. Umbellatum.
3. Pyrenaïcum.
4. Arabicum.

637. ORNUS.

1. Europœus.
2. Americanus.
3. Rotundifolia.

638. OROBANCHE.

1. Major.

O.

2. Caryophyllacea.

639. OROBUS.

1. Tuberosus.
2. Vernus.
3. Niger.
4. Atropurpureus.

640. ORONTIUM.

1. Japonicum.

641. ORYZA.

1. Sativa.

642. OSMUNDA.

1. Regalis.

643. OSTRYA.

1. Vulgaris.
2. Americana.

644. OTHONNA.

1. Cheirifolia.
2.

645. OSTEOSPERMUM.

1. Moniliferum.

646. OXALIS.

1. Caprina.
2. Caprina duplex.
3. Versicolor.
4. Rubella.
5. Pentaphylla.
6. Reptatrix.
7. Rosacea.
8. Polyphylla.
9. Fabœfolia.
10. Rigidula.
11. Cernua.
12. Variabilis.

O.

13. Flava.
14. Grandiflora.

647. OXICOCCUS.

1. Macrocarpus.
2. Macrocarpus variegata.

P.

648. PACHISANDRA.

1. Prostrata.

649. PÆONIA.

1. Officinalis.
2. Corallina.
3. Albiflora.
4. Hybrida.
5. Tenuifolia.
6. Moutan.
7. Edulis.
8. Off. variegata.

650. PANCRATIUM.

1. Maritimum.
2. Speciosum.
3. Declinatum.
4. Zeylanicum.

651. PANDANUS.

1. Utilis.
2. Sylvestris.

652. PANICUM.

1. Viride.
2. Verticillatum.
3. Italicum.
4. Crusgalli.

653. PAPAVER.

1. Rhæas.
2. Somniferum.

3. Orientale.
4. Orientale bracteatum.
5. Cambricum.
6. Caucasicum.
7. Hybridum.
8. Argemone.

654. PARIETARIA.

1. Officinalis.
2. Arborea.

655. PARIS.

1. Quadrifolia.

656. PARKINSONIA.

1. Aculeata.

657. PARNASSIA.

1. Palustris.

658. PARTHENIUM.

1. Integrifolium.

659. PASPALUM.

1. Scrobiculatum.

660. PASSERINA.

1. Filiformis.

661. PASSIFLORA.

1. Serratifolia.
2. Quadrangularis.
3. Alata.
4. Laurifolia.
5. Punctata.
6. Holocericea.
7. Suberosa.
8. Fœtida.
9. Edulis.
10. Cærulea.
11. Filamentosa
12. Incarnata.
13. Racemosa.
14. Minima.
15. Gracilis.
16.
17.
18.

662. PASTINACA.

1. Sativa.

663. PAULLINIA.

1.

664. PAVONIA.

1. Urens.
2. Spinifex.

665. PELARGONIUM.

1. Triste.
2. Tabulare.
3. Inodorum.
4. Violarïum.
5. Acetosum.
6. Hybridum.
7. Hybridum roseum.
8. Zonale.
9. Zonale variegatum.
10. Zonale duplex.
11. Inquinans.
12. Monstrum.
13. Peltatum.
14. Peltatum variegatum.
15. Tetragonum.
16. Cordatum,
17. Cuculatum.
18. Augulosum.
19. Formosissimum.
20. Acerifolium.
21. Papilionaceum.
22. Grandiflorum.
23. Echinatum.
24. Vitifolium.

P.

25. Capitatum.
26. Glutinosum.
27. Quercifolium.
28. Graveolens.
29. Radala.
30. Radala variegata.
31. Bicolor.
32. Quenquevulnerum.
33. Adulterinum.
34. Semitrilobum.
35. Gibbosum.
36. Extipulatum.
37. Carnosum.
38. Fulgidum.
39. Ardens.
40. Sanguineum.
41. Odoratissimum.
42. Ribifolium.
43. Prince-Régent.
44.
45.
46.
47.
48.
49.
50.

666. Pentapetes.

1. Phænicea.
2. Ovata.

667. Penthorum.

1. Sedoïdes.

668. Pentstemon.

1. Pubescens.

669. Periploca.

1. Græca.
2. Angustifolia.

670. Peucedanum.

1. Parisiense.

P.

671. Phalangium.

1. Liliastrum.
2. Liliago.

672. Phalaris.

1. Arundinacea.
2. Arundinacea picta
3. Canariensis.

673. Phaseolus.

1. Vulgaris.
2 Nanus.
3. Coccineus.
4. Caracolla.
5. Lunatus.
6.

674. Phellandrium.

1. Aquaticum.

675. Phyladeephus.

1. Vulgaris.
2. Vulgaris nanus.
3. Inodorus.
4. Pubescens.
5. Grandiflorus.

676. Phleum.

1. Pratense.
2. Phalaris.

677. Phlomis.

1. Fruticosa.
2. Tuberosa.
3. Ferruginea.
4. Leonurus.
5. Laciniata.

678. Plox.

1. Divaricata.
2. Paniculata.
3. Suavcolens.
4. Suaveolens variegata.
5. Maculata.

P.

6. Pilosa.
7. Carolina.
8. Ovata.
9. Reptans.
10. Suffruticosa.

679. PHLOX.

11. Amæna.
12. Cetacea.
13. Subulata.
14. Decurrens.

680. PHÆNIX.

1. Dactilifera.

681. PHORMIUM.

1. Tenax.

682. PHYLICA.

1. Ericoïdes.
2. Rosmarinifolia.

683. PHYLLANTHUS.

1. Latifolius.
2. Falcatus.

684. PHYLLIS.

1. Nobla.

685. PHYSALIS.

1. Alkekengi.
2. Barbadensis.
3. Fœtens.
4. Somnifera.

686. PHYTEUMA.

1. Spicata.
2. Virgata.
3. Canescens.

687. PHYTOLACCA.

1. Decandra.

P.

688. PIMPINELLA.

1. Saxifraga.

689. PINCKNEIA.

1. Pubescens.

690. PINUS.

1. Sylvestris
2. Sylvestris genevensis
3. Sylvestris rubra.
4. Laricio.
5. Mugus.
6. Pumilio
7. Maritima.
8. Halepensis.
9. Pinea.
10. Mitis.
11. Tæda.
12. Rigida.
13. Inops.
14. Strobus.
15. Cembro.
16. Romana.
17. Palustris.
18. Longifolia.

691. PIPER.

1. Medium.
2. Celtidifolium
3. Aduncum.
4. Suaveolens.
5. Blendum.
6. Verticillatum.
7. Magnoliæfolium.

692. PISTACIA.

1. Vera.
2. Terebinthus.

693. PISUM.

1. Sativum.

P.

694. Pitcairnia.

1. Angustifolia.
2. Latifolia.

695. Pittosporum.

1. Undulatum.
2. Borbonianum.
3. Sinense.

696. Plantago.

1. Media.
2. Major.
3. Cucullata.
4. Lanceolata.
5. Coronopus.

697. Platanus.

1. Orientalis.
2. Occidentalis.

698. Plectranthus.

1. Fruticosus.
2. Incanus.

699. Plumbago.

1. Zeilanica.
2. Rosea.
3. Auriculata.

700. Plumeria.

1. Rubra.
2. Flava.

701. Poa.

1. Aquatica.
2. Nemoralis.
3. Scabra.
4. Annua.
5. Pratensis.
6. Bulbosa.

P.

7. Compressa.
8. Megastachia.
9.

702. Podaliria.

1. Australis.
2. Tinctoria.
3. Biflora.

703. Podocarpus.

1. Elongata.

704. Podophyllum.

1. Peltatum.

705. Poinciana.

1. Pulcherrima.
2.

706. Polemonium.

1. Cæruleum.
2. Repens.
3. Mexicanum.

707. Polianthes.

1. Tuberosa.
2. Tuberosa duplex.

708. Polygala.

1. Vulgaris.
2. Chamæbuxus.
3. Mixta.
4. Speciosa.

709. Polygonum.

1. Aviculare.
2. Romanum.
3. Bistorta.
4. Persicaria.
5. Persicaria alba.

P.

6. Minus.
7. Amphybium.
8. Hydropiper.
9. Orientale.
10. Orientale alba.
11. Acetosæfolium.
12. Fagopyrum.
13. Convolvulus.
14. Dumetorum.
15. Divaricatum.
16.

710. POLYMNIA.

1. Uvedalia.

711. POLYPODIUM.

1. Vulgare.
2. Aureum.
3.
4.
5.

712. POPULUS.

1. Alba.
2. Alba lobata.
3. Grisea.
4. Tremula.
5. Tremuloïdes.
6. Græca.
7. Grandidentata.
8. Fastigiata.
9. Nigra.
10. Hudsonia.
11. Virginiana.
12. Monilifera.
13. Angulata.
14. Heterophylla.
15. Balsamifera.
16. Candicans.
17. Pendula.

713. PORCELIA.

1. Triloba.

P.

714. PORTULACA.

1. Oleracea.

715. POTAMOGETON.

1. Perfoliatum.
2. Lucens.
3. Serratum.
4. Pectinatum.

716. POTENTILLA.

1. Fruticosa.
2. Floribunda.
3. Anserina.
4. Pensylvanica.
5. Argentea.
6. Verna.
7. Splendens.
8. Reptans.
9.

717. POTERIUM.

1. Sanguisorba.
2. Hybridum.
3. Spinosum.

718. POTHOS.

1. Macrophylla.
2. Lanceolata.
3. Crassinervia.
4. Cordata.
5. Violacea.
6.

719. PRASIUM.

1. Majus.

720. PRENANTHES.

1. Muralis.

721. PROSTANTHERA.

1. Lasianthos.

P.

722. PROTEA.

1. Argentea.
2. Passerina.
3.
4.

723. PRUNELLA.

1. Vulgaris.
2. Grandiflora.

724. PRUNUS.

1. Spinosa.
2. Insititia.
3. Domestica,
4. Domestica duplex.
5. Domestica variegata.
6. Cerasifera.
7. Prostrata.
8. Sinensis.
9. Pumila.
10. Hyemalis.
11. Incana.
12 Sphærocarpa.

725. PSIDIUM.

1. Pyriferum.
2. Montanum.

726. PSORALEA.

1. Pinnata.
2. Odoratissima.
3. Aculeata.
4. Aphylla.
5. Bituminosa.
6. Glandulosa.
7.

727. PTELEA.

1. Trifoliata.

728. PTERIS.

1. Aquilina.

P.

2. Cretica.
3. Longifolia.
4. Arguta.

729. PTEROSPERMUM.

1. Platanifolium.

730. PULMONARIA.

1. Officinalis.
2. Virginica.

731. PULSATILLA.

1. Vulgaris.

732. PUNICA.

1. Granatum.
2. Granatum duplex.
3. Granatum flore flavo.
4. Nana.

733. PICNANTHEMUM.

1. Virginicum.

734. PYRUS.

1. Communis.
2. Communis variegata.
3. Communis flore pleno
4. Polveria.
5. Sinaï.
6. Michauxii.
7. Salicifolia.
8. Orientalis.

Q.

735. QUERCUS.

1. Ilex.
2. Coccifera.
3. Virens.
4. Phellos.

Q.

5. Cerris.
6. Robur.
7. Pedunculata.
8. Fastigiata.
9. Turneri.
10. Aquatica.
11. Tinctoria.
12. Palustris.
13. Monticola.
14. Discolor.
15. Ambigua.
16. Coccinea.
17. Rubra.
18. Macrocarpa.
19. Alba.
20. Banisteri.
21. Falcata.
22. Ferruginea.
23. Obtusiloba.
24. Ballota
25. Suber.
26. Prinus.
27. Pumila.
28.
29.

736. QUERIA.

1. Canadensis.

R.

737. RADIOLA.

1. Millegrana.

738. RANUNCULUS.

1. Lingua.
2. Flamula.
3. Gramineus.
4. Auricomus.
5. Sceleratus.
6. Aconitifolius.
7. Aconitifolius fl. pleno.

R.

8. Asiaticus variegata.
9. Bulbosus.
10. Bulbosus flore pleno.
11. Repens.
12. Repens flore pleno.
13. Acris.
14. Lanuginosus.
15. Chærophyllus.
16. Arvensis.
17. Aquatilis.
18. Peucedanifolius.

739. RAPHANUS.

1. Sativus.
2. Raphanistrum.

740. RESEDA.

1. Lutea.
2. Luteola.
3. Odorata.
4 Phyteuma.
5. Glauca.
6.

741. RHAMNUS.

1. Frangula.
2. Catharticus.
3. Infectorius.
4. Hybrida.
5. Alpinus.
6. Alnifolius.
7. Theezans.
8. Pumillus.
9. Latifolius.
10. Alaternus.
11. Alaternus var. aurea.
12. Alaternus var. argent
13. Alaternus var. angu
14. Alaternus Monspel
14. Paliurus.

742. RHAPIS.

1. Flabelliformis.

R.

743. Rheum.

1. Undulatum.
2. Compactum.
3. Palmatum.
4. Ribes.

744. Rhinanthus.

1. Cristagalli.
2. Minor.
3. Villosus.

745. Rhodiola.

1. Rosea.

746. Rhododendrum.

1. Ponticum.
2. Maximum.
3. Maximum album.
4. Cataubiense.
5. Minus.
6. Ferrugineum.
7. Hirsutum.
8. Azaleoïdes.
9. Hybridum.

747. Rhodora.

1. Canadensis.

748. Rhus.

1. Coriaria.
2. Typhinum.
3. Glabrum.
4. Elegans.
5. Vernix.
6. Copallinum.
7. Toxicodendron.
8. Aromaticum.
9. Cuneifolium.
10. Viminale.
11. Lucidum.
12. Cotynus.

R.

749. Ribes.

1. Rubrum.
2. Rubrum album.
3. Rubrum variegatum.
4. Nigrum.
5. Nigrum variegatum.
6. Petræum.
7. Alpinum.
8. Floridum.
9. Aureum.
10. Palmatum.
11. Cynosbati.
12. Diacantha.
13. Orientale.
14. Uvacrispa.
15. Grossularia.

750. Richardia.

1. Scabra.

751. Ricinus.

1. Communis.
2. Lævis.

752. Rivina.

1. Lævis.
2. Humilis.

753. Robinia.

1. Pseudoacasia.
2. Pseudoacasia inermis.
3. Pseudoacasia tortuosa.
4. Pseudod. sophoræfolia.
5. Viscosa.
6. Hispida.
7. Caragana.
8. Altagana.
9. Jubata.
10. Spinosa.
11. Halodendrum.
12. Chamlagu.

13. Frutescens
14. Pigmea.

754. Rosa.

1. Alba.
2. Alba semiplena.
3. Alba plena.
4. Alba cannabifolia.
5. Alba carnea.
6. Alba carnea minor.
7. Alpina.
8. Alpina plena.
9. Arvensis.
10. Bracteata.
11. Burgundiaca.
12. Burgundiaca plena.
13. Canina.
14. Canina plena.
15. Rubiginosa.
16. Rubiginosa plena.
17. Rubiginosa semiplena.
18. Centifolia.
19. Centifolia semiplena.
20. Centifolia plena.
21. Centifolia maxima.
22. Centifolia bipinnata.
23. Centifolia bullata.
24. Centifolia crenata.
25. Centifolia quercifolia.
26. Centifolia carnea.
27. Centifolia foliacea.
28. Centifolia nivea.
29. Centifolia plena minor.
30. Centifolia unguiculata.
31. Muscosa.
32. Muscosa semiplena.
33. Muscosa plena.
34. Muscosa alba.
35. Muscosa pomponia.
36. Cinnamomea.
37. Cinnamomea plena.
38. Cretica.
39. Glauca.
40. Khamchatika.
41. Khamchatika ferox.
42. Lucida.
43. Lucida plena.
44. Lutea.
45. Lutea bicolor.
46. Sulphurea.
47. Sulphurea minor.
48. Moschata.
49. Moschata plena.
50. Nivea.
51. Sempervirens.
52. Sempervirens major.
53. Semperflorens.
54. Semiplena.
55. Semiplena major.
56. Semiplena moschata.
57. Semiplena persissifolia.
58. Semiplena subalba.
59. Semiplena purpurea.
60. Semiplena bischonia.
61. Semiplena minor.
62. Spinosissima.
63. Spinosa maxima plena.
64. Spinosa tigridia.
65. Villosa.
66. Villosa plena.
67. Pendulina.
68. Carolina.
69. Corymbosa.
70. Trifoliata.
71. Bancksiana.
72. Multiflora.
73. Multiflora subalba.
74. Multiflora coccinea.
75. Multiflora plena.
76. Parvifolia duplex.
77. Bifera.
78. Bifera alba.
79. Damascena.
80. Damascena argentea.
81. Portlandica.

R.

82. Portlandica perpetua.
83. Gallica.
84. Gallica versicolor.
85. Gallica plena.
86. Turbinata.
87. Turbinata maxima.
88. Canina borboniana.
89.
90.
91.
92. Agathe de Francfort.
93. Agathe couronnée.
94. Agathe d'Auteuil.
95. Agathe émeraude.
96. Agathe royale.
97. Agathe sans pareille.
98. Aglaé de Marsiilly.
99. Alphonce.
100. Ardoisé.
101. Aurore en rouge.
102. Arsinoé.
103. Aimable violette.
104. Athalie.
105. Admirable.
106. Augustine Bertin.
107. Adolphe (Neuilly).
108. Agathe Amelie.
109. Agathe chérie.
110. Princesse Amélie.
111. Bengale Ternaux.
112 Bengale Boursault.
113. Bouquet superbe.
114. Belle Laure.
115. Belle Actée.
116. Belle de Trianon.
117. Belle d'Aulnay.
118. Belle de Hesse.
119. Belle grecque.
120. Belle Mathilde.
121. Belle Auguste.
122. Belle sans flatterie.
123. Belle de Châtenay.

R.

124. Belle Hébé.
125. Belle Élisa.
126. B. Louise (Neuilly).
127. Belle Marie (Id.).
128. Belle Ninon.
129. Boulotte, africaine.
130. Bouquet superbe.
131. Buquetière.
132. Beauté tendre.
133. Bouquet blanc.
134. Bizar noir.
135. Bleu.
136. Bichonne triomphante.
137. Beauté pâle.
138. Blanc anémone.
139. Blanc céleste.
140. Blanc sans épine.
141. Belle Aurore.
142. Belle Eskermoise.
143. Beauvelours.
144. Bengale de l'Ile de Fra.
145. Constance cent. f. d'Av.
146. Comtesse de Genlis.
147. Camille Bouland.
148. Camelia blanc.
149. Camelia à bois rouge.
150. Clémantine.
151. Cerise éclatante.
152. Cordon bleu.
153. Castrimonia.
154. Capricorne.
155. Carné de Grammont.
156. Claris, gracilis.
157. Célimène (sem. de N.).
158. Campnagana.
159. Centfeuille de Hesse.
160. Centfeuille tardive.
161. Centfeuille anémone.
162. Centfeuille foli. Caro.
163. Centfeuille carné Vil.
164. Centfeuille gaufré.
165. Courtine.

R.

166. Chouette.
167. Couleur de bronze.
168. Duc d'Angoulême.
169. Duc d'Orléans.
170. Duc de Berry.
171. Duc de Guiche.
172. Duchesse d'Angoul.
173. Duchesse d'Orléans.
174. Duchesse de Clèves.
175. Dorothée.
176. Déjanire.
177. Desmet. rose vierge.
178. D'Italie (rose).
179. Damas sans épines.
180.
181. Élisa.
182. Élisa desmet.
183. Élégante de St-Cloud.
184. Exalbo rosea.
185. Eucharis.
186. Estelle Genny le sieur.
187. Evratine.
188. Eugénie (sem. de N.).
189.
190. Fragrans.
191. Félicité de Dupont.
192. Flamboyante.
193. Fatime.
194. De la Floride.
195. Faustine.
196. Feu brillant.
197.
198. Grande pourpre.
199. Grandeur royale.
200. Grelot blanc.
201. Gros pompon.
202. Grand monarque.
203. Gay.
204. Gracieuse.
205. Grand cramoisi.
206. Grande couronn. cels.
207. Grande Pompadour.

R.

208.
209. Hagard.
210. Hervi.
211. Hortensia aim. rouge.
212. Henriette (belle).
213. Henri-Quatre.
214. Hortense (sem. de N.)
215. Incomparable du Lux.
216. Isabelle.
217. Jeanne d'Arc.
218. Joséphine.
219. Junon.
220. Julie (sem. de N.)
221.
222. La passable.
223. La Vestale.
224. La Précieuse.
225. La Triomphante.
226. L'Amitié.
227. L'Héritier.
228. L'Invincible.
229. Louis dix-huit.
230. L'Obscurité.
231. Lucida nova.
232. L'Ombre de l'île.
233. Lustre d'église.
234.
235. Ornement de parade.
236. Marbré.
237. Mauve.
238. Mère Gigogne.
239. Marie-Louise.
240. Manteau pourpre.
241. Merveilleuse.
242. Mathyole.
243. Mathylde (belle).
244. Nouvelle Favorite.
245. Ninon de l'Enclos.
246. Nadiska.
247. Noisette.
248. Nouvelle de Provence.
249. Ney (maréchal).
250. Nina.

R.

251. La Passable.
252. Petite Junon.
253. Poniatowski.
254. Pimprenelle ja. simp.
255. Portland à pet. fleurs.
256. Portland à gra. fleurs.
257. Portland rose du roi.
258. Pompon bazar.
259. Pompon des Alp. p.m.
260. Pronville.
261. Petit couronné.
262. Prince Charles.
263. Pourpre et violette.
264. Perle d'orient.
265. Prométhée
266. Pourpre de Tyr.
267. Petite panaché.
268. Palmire.
269. Pyramidale.
270. Ponceau.
271. Portland couronné.
272. Quatre-Saisons ponp.
273. Roi de France.
274. De la Reine (rose).
275. Renoncule.
276. Regulus.
277. Raucourt.
278. Roi des Pays-Bas.
279.
280. Sans pareille pourpre.
281. S. . . . . . rouge
282. S. . . . de Hollande.
283. Superbe en brun.
284. Sara.
285. Suprême.
286. Semonville.
287. Talma.
288. Thèrese (belle).
289. Temple d'Apollon.
290. Uniflore.
291. Ulric (sem. de Neully).
292. Valubert.

R.

293. Virginie.
294. Victorine (sém. de N.).
295. Vierge d'Israël.
296. Valérie.
297.
298. Zulmé.
299. Cent feu (nouv. gain.)
300. Aminthe (sem. de N.).
301. Hortensia.
302. Mahéka.
303. Bengale hermite de Grauval.
304. Marinette.

755. Rosmarinus.

1. Officinalis.
2. Off. . . . variegata.

756. Royenna.

1. Lucida.

757. Rubia.

1. Tinctoria.

758. Rubus.

1. Fruticosus.
2. F. . . . inermis.
3. Duplex.
4. Laciniatus.
5. Corylifolius.
6. Idæus.
7. Occidentalis.
8. Coesius.
9. Odoratus.
10. Villosus.
11. Rosæfolius.
12. Molucannus.
13. Parviflorus.
14. Saxatilis.
15. Arcticus.
16.

R.

759. **Rudbeckia.**

1. Laciniata.
2. Pinnata.
3. Hirta.
4. Fulgida.
5. Purpurea.
6. Amplexicaulis.

760. **Ruellia.**

1. Varians.
2. Formosa.

761. **Rumex.**

1. Acetosella.
2. Acetosa.
3. Scutatus.
4. Maritimus.
5. Acutus.
6. Obtusifolius.
7. Lunaria.
8. Sanguineus.
9. Nemolaphatum.

762. **Ruscus.**

1. Aculeatus.
2. Racemosus.
3. Hypophyllus.

763. **Ruta.**

1. Graveolens.
2. Angustifolia.

S.

764. **Saccharum.**

1. Officinale.
2. Off. . . violaceum.
3. Teneriffæ.

765. **Sagina.**

1. Procumbens.

766. **Sagittaria.**

1. Sagittifolia.
2. Lancefolia.

767. **Salicornia.**

1. Fruticosa.

768. **Salisburia.**

1. Adianthifolia.

769. **Salix.**

1. Triandra.
2. Russeliana.
3. Nigra.
4. Acutifolia.
5. Vitellina.
6. Fragilis.
7. Babilonica.
8. Helix.
9. Purpurea.
10. Cinerea.
11. Bicolor.
12. Riparia.
13. Aurita.
14. Aquatica.
15. Capræa.
16. Pedicellata.
17. Viminalis.
18. Alba.
19. Herbacea.
20. Retusa.
21. Pumila.
22. Depressa.
23. Americana.

770. **Salsola.**

1. Fruticosa.

771. **Salvia.**

1. Officinalis.
2. Off. . . tricolor.

S.

3. Cretica.
4. Grandiflora.
5. Tenuior.
6. Pratensis.
7. Mexicana.
8. Formosa.
9. Coccinea.
10. Pseudo coccinea.
11. Canariensis.
12. Aurea.
13. Bicolor.
14. Argentea.
15. Nutans.
16. Viscosa.
17. Indica.
18. Interupta.
19. Colorans.
20.

772. Sambucus.

1. Nigra.
2. N. . . variegata.
3. N. . . monstruosa.
4. Virescens.
5. Laciniata.
6. Pubescens.
7. Racemosa.
8. Canadensis.
9. Ebulus.

773. Samolus.

1. Valerandi.

774. Sanguinaria.

1. Canadensis.

775. Sanguisorba.

1. Officinalis.

776. Sanicula.

1. Europæa.

S

777. Sanseviera.

1. Guineensis.
2. Carnea.

778. Santolnia.

1. Chamœciparissias.
2.

779. Sapindus.

1. Saponaria.
2. Indica.

780. Saponaria.

1. Officinalis.
2. Of. . . . duplex.
3. Vaccaria.
4. Ocymoïdes.
5. Illirica

781. Sarracenia.

1. Flava.

782. Satureja.

1. Hortensis.
2. Montana.

783. Satyrium.

1. Hirsinum.

784. Saururus.

1. Cernuus.

785. Saxifraga.

1. Pyramidalis.
2. Longifolia.
3. Crassifolia.
4. Sarmentosa.
5. Umbrosa.
6. Cuneïfolia.
7. Rotundifolia.
8. Granulata.

S.

9. Gr. . . . . plena.
10. Tridactilites.
11. Hypnoïdes.
12. Decipiens.
13.
14.

786. Scabiosa.

1. Alpina.
2. Transylvanica.
3. Centauroïdes.
4. Succissa.
5. Arvensis
6. Atropurpurea.
7. Graminifolia.
8. Caucasica.
9. Africana.
10. Rutæfolia.

787. Scandix.

1. Pectens.
2.

788. Schinus.

1. Molle.

789. Schisandra.

1. Coccinea.

790. Schænus.

1. Nigricans.
2. Compressus.

791. Schotia.

1. Speciosa.

792. Scilla.

1. Bifolia.
2. Peruviana.
3. Liliohyacinthus.
4. Automnalis.

S.

5. Undulata.
6.

793. Scirpus.

1. Lacustris.
2. Maritimus.
3. Palustris.
4. Acicularis.
5. Holoschœnus.
6. Multicaulis.

794. Scleranthus.

1. Annuus.

795. Scolopendrium.

1. Officinale.
2. Of. . . . Crispum.

796. Scorpiurus.

1. Vermiculatus.
2. Muricatus.

797. Scorsonera.

1. Humilis.
2. Hispanica.
3. Laciniata.
4. Resedifolia.
5.

798. Scrophularia.

1. Aquatica.
2. Nodosa.
3. Sambucifolia.
4. Canadensis.

799. Scubertia.

1. Disticha. Cupressus id.
2. Sinensis.

800. Scutellaria.

1. Galericulata.

S.

2. Minor.
3. Alpina.

801. SECALE.

1. Cereale.

802. SEDUM.

1. Telephyum.
2. Anacampseros.
3. Divaricatum.
4. Hybridum.
5. Populifolium.
6. Cepœa.
7. Reflexum.
8. Altissimum.
9. Album.
10. Acre.
11. Dasiphyllum.
12.

803. SELAGO.

1. Spuria.

804. SELINUM.

1. Decipiens.
2. Chabreï.

805. SEMPERVIVUM.

1. Arboreum.
2. A. . . rubrum.
3. A. . . variegatum.
4. Glutinosum.
5. Canariense.
6. Tectorum.
7. Montanum.
8. Globiferum.
9. Arachnoïdeum.
10. Monanthos.

806. SENECIO.

1. Vulgaris.
2. Elegans.
3. Elegans flore pleno.
4. Vernus.
5. Adonidifolius.
6. Erucæfolius.
7. Jacobœa.
8. Aquaticus.
9. Puludosus.
10. Doria.
11. Doronicum.
12.

807. SEPTAS.

1. Capensis.

808. SERAPIAS.

1. Latifolia.
2. Palustris.
3. Grandiflora.

809. SERISSA.

1. Fœtida

810. SERRATULA.

1. Tinctoria.
2. Quinquefolia.
3. Alata.

811. SESBANA.

1. Aculeata.

812. SESLERIA.

1. Cœrulea.

813. SIDA.

1. Arborea.
2. Mollissima.
3. Vesicaria.
4. Hastata.
5. Nudiflora.

S.

6. Triloba.
7. Carpinifolia.

814. SIDERI TIS

1. Brutia
2. Canariensis.
3. Hyssopifolia.

815. SILENE.

1. Gallica.
2. Multiflora.
3. Nutans.
4. Conica.
5. Bipartita.
6. Armeria.
7. Suffruticosa.

816. SYLPHYUM.

1. Pinnatum.
2. Laciniatum.
3. Perfoliatum.

817. SINAPIS.

1. Arvensis.
2. Nigra.
3. Alba.

818. SISYMBRIUM.

1. Vulgare.
2. Nasturtium.
3. Amphibium.
4. Tenuifolium.
5. Sophia.
6. Strictissimum.
7. Irio.
8. Barbarea.
9.

819. SIUM.

1. Sisarum.

S.

820. SMILAX.

1. Aspera.
2.

821. SOLANDRA.

1. Grandiflora.

822. SORBUS.

1. Domestica
2. Aucuparia.
3. Hybrida.
4. Americana.
5. Spuria.

823. SOLANUM.

1. Bonariense.
2. Grandiflorum.
3. Pseudocapsicum.
4. Pubigerum.
5. Marginatum.
6. Betaceum.
7. Pyracantha.
8. Tomentosum.
9. Dulcamara.
10. Quercifolium.
11. Radicans.
12. Aculeatissimum.
13. Laciniatum.
14. Reclinatum.
15. Melongena Var.
16. Nigrum.
17. Licopersicon.
18. Pseudolicopersicon.
19. Tuberosum.
20. Fontanesianum.
21.
22.

824. SOLDANELLA.

1. Alpina.

S.

825. SOLIDAGO.

1. Canadensis.
2. Reflexa.
3. Sempervirens.
4. Mexicana.
5. Flexicaulis.
6. Virgaurea.
7.

826. SOUCHUS.

1. Arvensis.
2. Canadensis.
3. Fruticosus.
4. Tuberosus.
5. Pinnatus.
6. Oleraceus.
7. Floridanus.

827. SOPHORA.

1. Japonica.
2. J.... pendula.
3. Tomentosa.

828. SORGHUM.

1. Vulgare.

829. SPARGANIUM.

1. Ramosum.
2. Simplex.

830. SPARMANNIA.

1. Africana.

831. SPARTIUM.

1. Junceum.
2. J.... duplex.
3. Scoparium.
4. Scorpiurus.
5. OEtnœnse.
6.

S.

832. SPERGULA.

1. Arvensis.

833. SPIGELIA.

1. Marilandica.

834. SPILANTHUS.

1. Oleraceus.
2. Fuscus.

835. SPINACIA.

1. Oleracea.
2. Lævis.

836. SPIRÆA.

1. Sorbifolia.
2. Lœvigata.
3. Salicifolia.
4. Tomentosa.
5. Alpina.
6. Hypericifolia.
7. Crenata.
8. Ulmifolia.
9. Chamedrifolia.
10. Siberica.
11. Thalictroïdes.
12. Triloba.
13. Opulifolia.
14. Aruncus.
15. Ulmaria.
16. Ulmaria plena.
17. Filipendula.
18. F.......... plena.
19. Lobata.
20. Trifoliata.

837. SPONDIAS.

1. Cytherea.
2. Dulcis.

S.

940. STACHIS.

1. Sylvatica.
2. Germanica.
3. Annua.
4. Arvensis.
5. Coccinea.
6. Recta
7. Purpurea.
8. Circinnata.

941. STACHITARPHETA.

1. Mutabilis.
2. Jamaïcensis.

942. STAPELIA.

1. Variegata.
2. Grandiflora.
3. Glauca.
4.
5.
6.

943. STAPHYLEA.

1. Pinnata.
2. Trifoliata.

944. STATICE.

1. Arméria.
2. Linearifolia.
3. Monopetala.
4. Limonium.
5. Olœfolia.
6. Mucronata.
7. Sinuata.
8. Tartarica.

945. STELLARIA.

1. Holostea.
2. Graminea.

946. STERCULIA.

1. Platanifolia.

S.

2. Balanghas.

947. STEVIA.

1. Hissopifolia.
2. Paniculata.
3. Purpurea.
4. Ivœfolia.
5. Viscosa.
6.

948. STRELITZIA.

1. Reginæ.

949. STYPHELIA.

1. Gnidium.

950. STYRAX.

1. Officinale.
2.

951. SWAINSONIA.

1. Galegifolia.

952. SWIETENIA.

1. Mahagoni.

953. SYMPHYTUM.

1. Officinale.

954. SYRINGA.

1. Vulgaris.
2. V. . . . . alba.
3. V. . . . . variegata.
4. Media.
5. Spuria.
6. Persica.
7. P. . . . Alba.
8. Laciniata.

T.

955. Tabernæmontana.

1. Amsonia.

956. Tagetes.

1. Erecta.
2. Patula.

957. Talinum.

1. Fruticosum.
2. Anacampseros.

958. Tamarindus.

1. Indica.

959. Tamarix.

1. Germanica.
2. Gallica.
3. Africana.

960. Tamus.

1. Communis.

961. Tanacetum.

1. Vulgare.
2. Crispum.

962. Taxus.

1. Baccata.
2. Hybernica.

963. Terminalia.

1. Augustifolia.
2. Catappa.

964. Tetragona.

1. Echinata.

965. Teucrium.

1. Fruticans.
2. Marum.
3. Hircanicum.
4. Abutiloïdes.
5. Scorodonia.
6. Betonicum.
7. Chamædris.
8. Lucidum.
9. Massiliense.
10.

966. Thalia.

1. Dealbata.

967. Thalictrum.

1. Flavum.
2. Minus.
3. Angustifolium.
4. Aquilegifolium.

968. Thlaspi.

1. Arvense.
2. Campestre.
3. Perfoliatum.
4. Alpestre.
5. Bursapastoris.

969. Thuya.

1. Orientalis.
2. Orientalis pendula.
3. Oriental pyramidalis.
4. Siberica.
5. Occidentalis.

970. Thymus.

1. Vulgaris.
2. Vulgaris variegata.
3. Serpillum.
4. Serpill. citriodorum.
5. Nepeta.

971. Tigridia.

1. Pavonia

T.

972. Tilia.

1. Sylvestris.
2. Europæa.
3. Rubra.
4. Alba.
5. Canadensis.
6. Pubescens.

973. Tillæa.

1. Muscosa.

974. Tillandsia.

1. Amæna.

975. Tormentilla.

1. Erecta.

976. Tournefortia.

1. Mutabilis.

977. Trachelium.

1. Cœruleum.

978. Tradescantia.

1. Virginica.
2. Rosea.
3. Discolor.

979. Tragopogon.

1. Porrifolium.
2. Pratense.

980. Trientalis.

1. Europæa.

981. Trifolium.

1. Pratense.
2. Alpestre.

3. Arvense.
4. Spumosum.
5. Fragiferum.
6. Agrarium.
7. Filiforme.
8. Gussoni.
9. Repens.
10.

982. Triglochin.

1. Bulbosum.

983. Trigonella.

1. Maritima.

984. Tristania.

1. Neriifolia.

985. Triticum.

1. Sativum.
2. Compositum.
3. Monoccocum.
4. Polonicum.
5. Repens.

986. Tritoma.

1. Uvaria.
2. Glauca.
3. Sarmentosa.

987. Trolius.

1. Europæus.
2. Americanus.
3. Asiaticus.

988. Tropæolum.

1. Majus.
2. Majus multiplex.
3. Minus.

T.

989. Tulipa.

1. Sylvestris.
2. Sylvestris duplex.
3. Suaveolens.
4. Oculus solis.
5. Clusiana.
6. Gesneriaua, 200 var.
7. Gesneriana campsopet.
8. Gesneriana monstrosa.

990. Turnera.

1. Cistoïdes.
2. Ulmifolia.

991. Turritis.

1. Glabra.
2. Hirsuta.

992. Tussilago.

1. Farfara.
2. Petasites.
3. Fragrans.
4. Alba.
5. Alpina.

993. Tipha.

1. Latifolia.
2. Angustifolia.

994. Thea.

1. Bohea.
2. Viridis,

U.

995. Ulex.

1. Europæus.
2. Minor.
3. Capensis.

U.

996. Ulnus.

1. Campestris.
2. Suberosa.
3. Effusa.
4. Pyramidalis.
5. Crispa.
6. Latifolia.
7. Fulva.
8. Americana.
9. Pumila.

997. Uniola.

1. Latifolia.

998. Urania.

1. Speciosa.

999. Urtica.

1. Dioïca.
2. Urens.
3. Canadensis.
4. Nivea.

V.

1000. Vaccinium.

1. Uliginosum.
2. Mirtillus.
3. Vitisidæa.
4. Corymbosum.
5. Virgatum.
6. Pensylvanicum.

1001. Valantia.

1. Cruciata.

1002. Valeriana.

1. Rubra.
2. Angustifolia.

V.

3. Dioïca.
4. Officinalis.
5. Phu.
6. Pyrenaïca.
7. Calcitrapa.
8. Sambucifolia.

1003. VALERIANELLA.

1. Olitoria.
2. Dentata.
3. Coronata.
4. Eriocarpa.

1004. VANGUIERA.

1. Edulis.

1005. VANILLA.

1. Aromatica.

1006. VELTHEIMIA.

1. Viridifolia.

1007. VERATRUM.

1. Nigrum.

1008. VERBASCUM.

1. Thapsus.
2. Nigrum.
3. Pyramidatum.
4. Viccidulum.
5. Blataria.
6. Phæniceum.

1009. VERBENA.

1. Citriodora.
2. Officinalis.
3. Aubletia.
4. Hastata.

1010. VERBESINA.

1. Alata.
2. Serrata.

V.

1011. VERNONIA.

1. Præalta.
2. Novæboracensis.

1012. VERONICA.

1. Spuria.
2. Incana.
3. Spicata.
4. Officinalis.
5. Elatior.
6. Decussata.
7. Gentianoïdes.
8. Fruticosa.
9. Maritima.
10. Perfoliata.
11. Teucrium.
12. Chamædris.
13. Anagallis.
14. Scutellata.
15. Agrestis.
16. Arvensis.
17. Serpillifolia.
18. Hederæfolia.
19. Triphyllos.
20. Acinifolia.

1013. VIBURNUM.

1. Tinus.
2. Lucidum.
3 Rugosum.
4. Prunifolium.
5. Pyrifolium.
6. Lentago.
7. Nudum.
8. Cassïnoïdes.
9. Dentatum.
10. Acuminatum.
11. Lantana.
12. Lantana variegata.
13. Molle.
14. Acerifolium.

V.

15. Opulus.
16. Opulus variegata.
17. Opulus sterylis.
18. Edule.
19. Indicum.

1014. VICIA.

1. Sativa.
2. Dumetorum.
3. Cracca.
4. Faba.
5. Gracilis.
6.

1015. VILLARSIA.

1. Nymphoïdes.
2. Ovata.

1016. VINCA.

1. Minor.
2. Minor duplex.
3. Minor Alba.
4. Minor variegata.
5. Major.
6. Herbacea.
7. Rosea.

1017. VIOLA.

1. Odorata.
2. Odorata duplex.
3. Odorata duplex rosea.
4. Odorata duplex alba.
5. Odorata duplex grisea.
6. Tricolor.
7. Grandiflora.
8. Hirta.
9. Canina.
10. Rotomagensis.
11. Arvensis.
12. Palmata.

V.

13. Pedata.
14. Canadensis.

1018. VIRGILIA.

1. Lutea.

1019. VISCUM.

1. Album.

1020. VISNEA.

1. Maucanera.

1021. VITEX.

1. Agnuscastus.
2. Insisa.
3. Trifoliata.
4. Nova.

1022. VITIS.

1. Vinifera.
2. Laciniosa.
3. Labrusca.
4. Vulpina.
5. Odoratissima.
6.

1023. VOLKAMERIA.

1. Inermis.
2. Fragrans.

W.

1024. WACHENDORFIA.

1. Paniculata.
2. Hirsuta.

1025. WADLSTENIA.

1. Geoïdes.

1026. WATSONIA.

1. Rosea.

W.

1027. WESTERINGIA.

1. Rosmarinifolia.

1028. WOODVARDIA.

1. Radicans.

X.

1029. XANTHIUM.

1. Spinosum.
2.

1030. XERANTHEMUM.

1. Annuum.
2. Inapertum.

1031. XIMENESIA.

1. Ancelioïdes.

Y.

1032. YUCCA.

1. Aloifolia.
2. Pendula.
3. Draconis.
4. Gloriosa.

Y.

5. Filamentosa.

Z.

1033. ZANTHORHIZA.

1. Apifolia.

1034. ZANTHOXILUM.

1. Fraxineum.

1035. ZEA.

1. Maïs.
2. Maïs minor.

1036. ZIERIA.

1. Trifoliata.

1037. ZINNIA.

1. Multiflora.
2. Pauciflora.
3. Revoluta.
4. Verticillata.
5. Elegans.

1038. ZIZIPHUS.

1. Sativus.

1039. ZYGOPHYLLUM.

1. Fabago.

FIN.

www.ingramcontent.com/pod-product-compliance
Lightning Source LLC
Chambersburg PA
CBHW070900210326
41521CB00010B/2014

* 9 7 8 2 0 1 4 5 1 6 0 9 8 *